高等职业教育教材

首饰制作技法

徐 禹 著

U0219910

中国轻工业出版社

图书在版编目（CIP）数据

首饰制作技法 / 徐禹著. —北京：中国轻工业出版社，
2024.10

高等职业教育教材

ISBN 978-7-5019-9733-6

Ⅰ. ① 首… Ⅱ. ① 徐… Ⅲ. ① 首饰－制作—高等
职业教育—教材 Ⅳ. ① TS934.3

中国版本图书馆 CIP 数据核字（2014）第 073329 号

责任编辑：李建华　杜宇芳

策划编辑：李建华　　　责任终审：孟寿萱　　封面设计：锋尚设计
版式设计：锋尚设计　　责任校对：晋　洁　　责任监印：张　可

出版发行：中国轻工业出版社（北京鲁谷东街 5 号，邮编：100040）

印　　刷：北京博海升彩色印刷有限公司

经　　销：各地新华书店

版　　次：2024 年 10 月第 1 版第 6 次印刷

开　　本：720×1000　1/16　印张：15

字　　数：244 千字

书　　号：ISBN 978-7-5019-9733-6　定价：68.00 元

邮购电话：010-85119873

发行电话：010-85119832　010-85119912

网　　址：http://www.chlip.com.cn

Email：club@chlip.com.cn

　　贵金属是人类的挚爱，人类对它的向往与追求，亘古未变。它是财富的代表、地位的象征，是最高价值的代表；美人首饰侯王印，一件件闪烁夺目的首饰伴随着人类文明史流传至今。时至今日，珠宝首饰依然是全球购买、消费、收藏最主要的高价值商品。贵金属首饰生产已经进入到一个飞速发展的黄金时代。一件件首饰要在多少产业人员的精心设计和细致打磨下得以诞生？它又历经多少制作流程方才华丽登场？让我们随着本书，带着好奇一起去了解它的诞生过程，带着学习目的去了解各项制作技能吧！

　　珠宝首饰，源头是设计，工艺是关键。制作技能高低决定了产品质量的好坏。金属加工的各项技能是整个首饰生产链基础中的基础，只有在充分掌握了制作工艺各项技能的基础上，方可一窥全豹，去探寻首饰王国的各个领域。

　　本书从初学起步，依据各项技能的学习顺序，由易及难，循序渐进。在制作材料方面，考虑到教学练习的成本情况，黄金、K金等贵重金属材料并不作为首选，多采用黄铜、白银两种金属作为练习材料。第一章冷加工基础和第二章热加工基础，主要学习金属加工常用的各项基本技法；第三章热加工技能，在通过这个教学环节充分掌握焊接技能后，才具备了进入下章前进的通行证。第四章首饰制作技能是全书重心，分别讲授了首饰造型的制作过程，首饰复制生产的方法以及多种金属表面处理的方式。通过七个案例涵括戒指、吊坠、耳钉、胸针、手镯、袖扣等款型种类，让读者较为全面地了解并掌握首饰从无到有的诞生过程；同时，案例中的造型制作、复制生产与表面处理相互呼应，一脉相承，让读者可以更为清晰直观地了解一件首饰的完整制作过程。全书贴近企业真实生产状况，按照企业实际生产要求讲授各项技能知识点，所用图例多拍摄于生产一线，使读者通过本书感受到企业生产的真实面貌，达到学以致用的职业技术教育目标。

中国是全球珠宝首饰制造产业基地，也是首饰消费大国，作为一名多年从事首饰设计和工艺专业教学的高校教师，我很乐意向有志于在这片广阔天地中搏击理想的新人传递知识。希望这本具有实用价值的教材，不仅可以供你学习、参考，更希望让喜欢珠宝首饰以及好奇它诞生过程的人们，更多地了解首饰的制作方法和过程。

作者所著挂一漏万，望抛砖引玉。书中尚有疏漏不足之处，望各位学界前辈、同仁不吝赐教！

二〇一四年一月

CONTENTS
目 录

01
PART

第一章
冷加工基础

第一节　认识铜

铜，元素符号为Cu，熔点1083℃。铜是极佳的电和热导体，延展性好，加热烧红后容易锻打成型。一直以来铜是人类生产生活中最重要、最普及的金属之一。

一、紫铜

紫铜，即纯铜（图1-1）。其本色为玫瑰红。紫铜表面氧化后，所形成的氧化铜膜使得金属表面呈紫红色，故得名紫铜。紫铜硬度小、可塑性较高，加热变红后容易锻打成型，适宜锻造加工。但紫铜铸造性能较差，熔融状态时容易吸收一氧化碳和二氧化硫等气体，造成铸件出现气孔缺陷。故而在首饰生产中，紫铜材料多采用锻打、冲压、雕刻、拉丝等加工方法。

二、黄铜

黄铜是纯铜与锌（Zn）构成的合金材料（图1-2）。黄铜色泽美观，软硬适中。由于铜及锌的产量大、价格低，黄铜是流行饰品类产品的多用选材。在锻造性能方面，黄铜烧红后一般经不住锻打，重击下容易开裂。但是黄铜十分适宜后期的焊接处理，而且黄铜的切削性能不错，适宜在首饰加工过程中的打磨、抛光，可以取得良好的镜面效果。

黄铜铸造性能良好，是得益于熔点低的锌元素（锌熔点为419.5℃）的加入，改善了纯铜的液态流动性，使得黄铜合金的液

图1-1　紫铜粒

图1-2　黄铜粒

态流动性能较好，铸造冷凝收缩小，不易产生气孔。

黄铜既然是由纯铜与锌构成的二元合金，那么锌的含量多少决定了黄铜的色泽与性能，见表1-1，外观上随着锌含量的增多，色泽会出现由红色向黄、金黄、白色的逐渐变化（图1-3）；而当铜含量低于60%后，黄铜会由于锌含量（超过40%）的增多而变硬且脆，失去了实际应用价值。

图1-3　多种颜色黄铜粒

表1-1　　　　　　黄铜合金铜锌含量与颜色变化关系

铜含量/%	锌含量/%	黄铜合金颜色
59～63	余量	金色
63～68.5	余量	纯黄色
68.5～71.5	余量	金色
78.5～81.5	余量	略带红色的黄金色
84～86	余量	棕黄色
89～91	余量	古铜色
94～96	余量	红褐色

其中，铜含量约为68%时，其色泽近似黄金，呈明亮的黄色，并且硬度适中，抛削性能良好，是流行首饰饰品生产中最常用的材料。

三、白铜

白铜是纯铜与镍（Ni）构成的合金材料（图1-4）。白铜呈银白色，其硬度与外观色泽都很接近白银。不少仿银饰品往往在白铜表面电镀其他贵金属，一旦电镀层磨损褪掉，露出灰白色的白铜。这种颜色与氧化后的银色泽较为一致，所以是一种主要的仿银材料[1]。

图1-4　白铜粒

[1] 如藏银。传统藏银的成分为约30%的银掺入70%左右的白铜，成为一种仿银饰品。

由于在白铜中添加的镍元素是一种稀有金属，造成白铜价格相较其他铜偏贵；不过，镍容易引起人体皮肤过敏，近年来欧美国家对与人体皮肤直接接触的含镍产品实施了更加严格的质量检测标准，故而需要开发新型的白色铜合金作为替代材料。目前已经开发出如"铜–锰–锌合金"等新型白铜合金作为传统白铜的替代材料。

第二节　锯切

首饰制作时经常要对厚的金属板材[①]、棒材、管材进行精细的切割加工，这种切割主要使用专用的锯来处理。本节重点学习首饰制作专用锯的各种使用技法，以及直线、曲线用锯的训练任务。

一、锯切工具与锯切要领

图1-5　安装前端锯条

图1-6　安装后端锯条

1. 锯与锯条

首饰专用锯由锯弓与锯条组成，业内俗称卓弓。有别于传统的金工、木工用锯，首饰用锯弓与锯条都小巧精致。锯弓有固定与可调两种；锯条由最细8\0号排序到最粗6号，最常用的为4\0及3\0号。

锯弓使用有下锯法及上锯法两种。上锯法握柄在上，采取向上提拉的方式进行锯切。反之，握柄在下，向下拉动进行锯切的方法称之为下锯法。

锯弓安装方法：以下锯法为例。锯弓两头都有固定螺丝，首先在前方安装好锯条（图1-5），然后将弓前部顶在桌边缘，用肩部顶住弓柄，使得弓稍稍变形。将锯条向己端装好，固定后松开肩膀即可（图1-6）。要求锯

---

① 一般情况下，厚度在1.0mm以上的金属材料多采用锯切的方式处理。厚度在0.8mm以下的金属板材可以采用直接用剪刀剪切的方式。

条安装平直，锯齿齿尖朝向自己，绷紧但不过于紧张，用手轻轻向下压锯条能稍许弯曲为佳（图1-7）。

图1-7 检查锯条松紧度

2. 锯切要领

① 锯条安装后要松紧适度，太松不易锯出直线，太紧容易崩断锯条。锯弓的握法一般使用下握法。

② 锯切过程中眼睛始终要盯住画线部位，左手将铜片牢牢压在木台塞上，右手轻轻拉动锯弓，注意要保持锯条与铜片平面的垂直。推拉锯弓的动作要柔和、连续，锯切的频率为中速，锯条要尽量拉满，保证锯齿的损耗一致，有利于延长锯条的使用寿命。

③ 拐角转弯处的锯切，需要采用原地转锯的方式进行。以90°直角转弯为例：锯切到拐弯点时，应停止向前推拉，锯条维持在原地推拉，保持锯弓上下拉动状态，逐渐将锯弓90°转向，这样在金属上会逐渐扩大空隙，可以容纳整根锯条90°转向后，锯弓再逐步开始向另一个角度行进。

④ 为了保持锯弓拉动的顺利，可以在锯条上涂抹蜡或者在肥皂上拉蹭进行润滑。

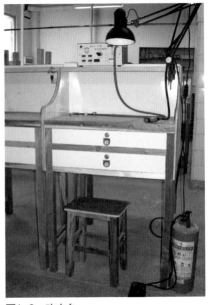

图1-8 功夫台

二、直线锯切训练

1. 前期准备

（1）**修改台塞** 很多首饰制作的工具及辅助用具，都可以依据自己的操作习惯进行调整及制作。在进行下一步训练前，我们可以先行改造锯、锉制作时接触最多的物件——台塞。

台塞一面是平面，多用于首饰的锯切、镶嵌等需要稳定的操作平面的时候；一面是斜面，便于锉的灵活滑动，此面多用于首饰的锉修。台塞要牢固地插在功夫台（图1-8）桌沿的对应插孔内。在首饰制作中，首饰工件的很多处理是在台塞上完成的。所以一个符合自己操作习惯的改良版台塞，会方便我们的制作。可以将台塞前

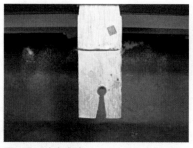

图1-9　改良台塞

图1-10　收集贵金属废料

端锯切掉一个倒"V"字。这样就可以在这个"V"形空间内使用锯进行锯切（图1-9）。

（2）金料回收　在对贵金属材料的锯切、锉修加工过程中，会产生大量的金属屑。应在功夫台最下方的抽屉中放置托盘承接碎屑，进行回收（图1-10）。

2. 操作训练

【训练任务一】

锯切铜条。

【训练目的】

① 要求初步掌握锯的安装、下锯法直线锯切与锯弓的拐角处理技法。

② 掌握金属画线方法。

③ 能够较为熟练地对金属材料进行合格锯切。

【工具与材料】

锯弓、锯条（4/0）、两头索、钢针、钢板尺；厚度为1.0mm，50mm×50mm的黄铜片。

【操作步骤】

（1）画线　钢针装入两头索（图1-11），配合直尺在铜片上每隔2mm画出直线。画线时保证针尖必须紧贴钢尺边，左手要压紧钢尺，不得晃动；右手施加一定压力快速画线；也可以直接使用游标卡尺尖端轻轻标画（图1-12）。

（2）锯切起步　采用下锯法，安装好锯条。锯条压在刻画线侧边，稍稍向金属正面倾斜，轻轻拉动，锯开一个小缺口（图1-13）。

（3）锯切　垂直锯弓，锯条压进缺口，沿刻画线侧边向内进行切割。切割时，不许锯到刻画线上。保留画线的目的是用来对照检

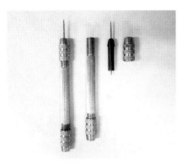

图1-11　两头索

图1-12　卡尺标画

图1-13　锯切起步

查锯切是否准确。

（4）锯切结束　当锯弓进行至铜片顶端时，速度稍微放慢，当连接处仅剩0.5mm时，可停止锯切，轻轻将铜条掰下即可（图1-14）。

（5）松锯　锯切完毕后，应松开一端固定旋钮，放松锯弓，避免锯弓长时间处于紧绷状态。

图1-14　锯切结束

【训练任务二】
铜片内部直线锯切。
【训练目的】
① 掌握在金属内部锯切技法。
② 掌握吊机安装与钻孔技法。
【工具与材料】
剪钳、吊机套装、钻针（0.8mm）、锯弓、锯条（4/0）、钢尺、游标卡尺；厚度为1mm，80mm×80mm黄铜片。

【操作步骤】

（1）画线　依据设计稿，使用两头索、直尺、卡尺在铜片中心位置画出正三角形；每间隔2mm画出直线（图1-15），并在两端各距离边缘2mm处画出一条横线与各线垂直相交。

（2）装吊机　吊机是首饰制作中的主要工具（图1-16）。由悬挂电机、脚踏控速开关、传动软轴和打磨机头组成。踩下踏板后打磨机头即开始旋转，其转速由踏板控制。原配机头每次拆卸都需要用吊机钥匙打开机头，并且要调整针头的稳定性，操作

（a）画出三角形

（b）画直线
图1-15　画线

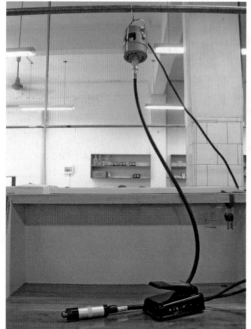

图1-16　吊机

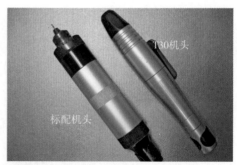

图1-17　吊机机头

图1-18　高速打磨机

较为不便；打磨机头可以更换成T30机头，这种机头拆卸针头方便，但是需要配合专用针头使用（图1-17）。另有一种卧式高速打磨机，运行安静且转速可用旋钮控制，能稳定保持在同一转速工作，是较为方便的小型桌面式工具（图1-18）。吊机不宜长时间高速工作，否则容易磨损电机中的炭刷，使用中应该间歇操作。

　　吊机安装方法如下：

　　①将吊机主机悬挂至适合高度，踏板放置在工作台右下方。

　　②将踏板线插头连接至吊机线插口，接通电源轻踩踏板试机。

　　（3）装麻花钻针

　　①使用机头钥匙齿对准打磨头的齿，将夹头旋开；T30机头直接向下压动开关，夹头自行张开；卧式机机头前端逆时针旋转，夹头自行张开。

　　②将麻花针垂直于机头中心放入。钻针必须全部送入夹孔，钻针被夹持部分为无钻齿部分，露出部分仅为有钻齿部分。

　　③左手大拇指按住针头保持稳定，右手使用钥匙旋闭机头；T30机头旋回开关柄；卧式机顺时针旋转回前端。

　　④开机前必须用力拉动针头检验是否牢靠，且钻针不能偏斜。

　　⑤轻踩踏板，观察针头旋转是否稳定呈直线状态。若旋转摇摆

则重复上述操作直至针头旋转稳定。T30、卧式机基本无需验证针头的稳定性。

（4）钻孔　将各条纵横线交点处钻穿。

① 钻孔时左手压紧铜片，右手握毛笔式紧握机头。原装机头钥匙开关处的半圆缺口一定要朝外。

② 钻入过程中要控制好施加给变速踏板的力度，使钻针转速时快时慢，同时手部给予机头适当向下的压力。

③ 钻针在高速旋削下会产生大量的热，热量不断累积又使得钻针硬度降低，影响钻孔效率，所以一味以高速旋削反而达不到理想的效果。从开始钻孔到结束应该保证"轻—中—轻"的力度节奏，让热量有传递释放的时间。这样操作既不会使钻针在持续高速转动中很快磨损，也提高了钻进效率。

④ 当感觉在即将钻穿物件时，更需要控制好力度，轻轻下钻。

（5）穿弓引锯

① 将锯弓后端旋钮旋开，松出锯条。

② 将锯条从铜片正面穿过钻孔。

③ 左手捏紧锯条，右手将铜片上移到前端旋钮处。

④ 锯弓顶端顶住桌边缘，握手顶端抵住肩膀，安装后端锯条。

⑤ 左手将铜片压紧在台塞上，依据设计图沿着刻画线侧边采用下锯法进行直线锯切（图1-19）。

（6）撤锯　当锯切到达规定位置完成后，要从锯切缝中撤出锯条，可旋开上端固定旋钮，松出锯条，慢慢从缝中抽出即可。若是在锯切中，出现了卡锯的情况，也是先松开锯条一端，再慢慢抽出锯条，以避免折断造成浪费。

（7）锯切完成（图1-20）。

（8）松锯　锯在较长时间不用时，要将锯条卸下，恢复弓的松弛状态，保持锯弓的弹性。

图1-19　锯切

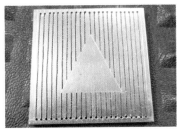

图1-20　锯切完成

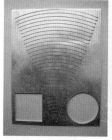

（a）曲线锯切训练　　（b）锯切线细节　　　　　　　图1-22　各种曲线锯切
图1-21　曲线锯切

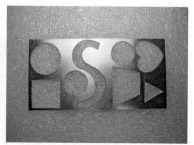

三、曲线锯切训练

【训练任务】

曲线锯切。

【训练目的】

掌握锯条的曲线走锯技法。

【工具与材料】

吊机套装、钻针（0.8mm）、锯弓、锯条（4/0）、两头索、钢针、钢板尺、机剪；厚度为1mm、100mm×80mm黄铜2片。

【操作步骤】

① 在金属铜片上画线连接铜片的两角与底边中心点。

② 在所夹角间使用分规进行画等距弧线条。

③ 最大限度用分规截取一圆一方，并锯切下来（图1-21）。

④ 在另一片上锯切出各种曲线及几何形造型（图1-22）。

第三节　锉修

一、锉及其使用

1. 锉与锉修

锉依据外形不同分为平面锉、半圆锉、圆锉、竹叶锉、三角

锉、方锉；依据大小分为大、中、小三种型号
（图1-23）。

首饰所有造型的各个表面可以归纳为内平面、
外平面、内弧面、外弧面、内直角、外直角、内
弧角、外弧角。针对这些不同的表面形状，选用
不同的锉进行锉修，其对应使用关系为：

① 内平面、外平面、外弧面、外直角、外弧
角位置使用平面锉进行锉修。

② 内弧面使用半圆锉的弧面进行锉修。

③ 内直角使用方锉将内直角两侧的直面锉修
成90°，然后使用平面锉对内直角两侧的边缘进
行修整平顺。

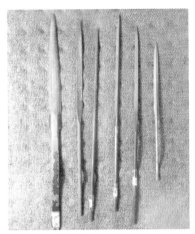

图1-23 各种锉

④ 内弧角使用适合尺寸的半圆锉的弧面进行锉修，然后使用
平面锉对内弧角两侧的边缘进行修整平顺。

2. 锉的使用技法

锉的使用方法有平锉法、滑锉法、旋锉法。

（1）平锉法 适用于金属表面的锉修平齐。平面锉保持水平进
行整体推锉。在整体修平时，首先要尽量使用较大的平面锉，最好
平面锉的锉面大于需要平齐的金属表面。同时，不要让锉长时间在
一个局部反复锉修，要从头到尾匀力推锉（图1-24）。

（2）滑锉法 适用于外弧的金属表面。平面锉处于推拉式运动
锉修状态中，将顺着外弧面进行锉修；同时逆方向旋转金属件进行
修整。采用这种方法可以锉修出一个外弧面来（图1-25）。

（3）旋锉法 适用于内弧的金属表面。使用弧面锉（或半圆
锉）的弧面，一边锉自身进行小角度的来回旋转，一边顺着金属件
内弧面进行滑动锉修（图1-26）。

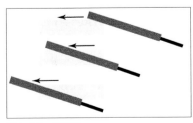

图1-24 平锉法

图1-25 滑锉法

图1-26 旋锉法

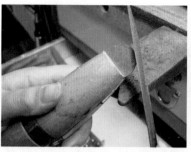

图1-27　夹紧并使用平面锉滑锉法锉修　　图1-28　选用适合的锉进行锉修

二、锉修训练

【训练任务】

将曲线训练中锯切下的圆形和正方形铜片，以及各种曲线造型铜片外缘锉修工整。

【训练目的】

熟练掌握平面锉的滑锉技法；将圆形及正方形锉修工整。

【工具与材料】

平面锉、夹木。

【操作步骤】

①使用夹木将各种造型铜片夹紧（图1-27）。

②使用各种对应的锉将造型锉修工整（图1-28）。

三、锯锉训练

【训练任务一】

阴阳模制作。

【训练目的】

训练锯切与锉修的准确性。

【工具与材料】

宽30mm、长90mm、厚1.0mm铜片；锯弓、夹木、平面锉、方锉、三角锉。

【操作步骤】

①使用钢尺和两头索在两块铜片上分别画出以下图形：

圆，直径25mm；正方形，边长25mm；在直径25mm圆内绘制六角星[①]。

② 在阴模各图形的内部沿着图形画出距离为 0.2mm 左右的锯切线，并在锯切线内钻孔。

③ 在阳模各图形的外部沿着图形画出距离为 0.2mm 左右的锯切线，并在锯切线外钻孔。

④ 沿锯切线将阴模锯切下来。

⑤ 沿锯切线将阳模锯切下来（图1-29）。

⑥ 用各类适用锉刀沿阴模锯切线依次锉修各图形至画线部位。

⑦ 用各类适用锉刀沿阳模锯切线依次锉修各图形至画线部位（图1-30）。

⑧ 将各阳模对应嵌入各阴模中（图1-31）。

【注意事项】

① 每一图形的钻孔数不能多于2个。

② 锉修顺序为先阴模后阳模。先锉修阴模，直至造型严谨准确，再锉修阳模，边锉修边与阴模进行比对，直至两模严丝合缝。

【训练任务二】

美洲蝶制作。

【训练目的】

进一步掌握锯切（上锯法）及执模各项技法。

【工具与材料】

厚1mm铜片、锯弓、各类锉。

【操作步骤】

① 将图稿贴在铜片上（图1-32）。

② 使用上锯法，锯条齿尖朝上，沿图稿外缘线外侧锯切（图1-33）。

③ 在图稿内钻孔，逐步锯切镂空蝴蝶翅膀造型（图1-34、图1-35）。

_____

① 六角星画法：圆规画圆。并保持半径不变，将圆规圆心置于圆周上，以短弧线与圆周相交，每一个交点是下一个短弧线的起始圆心，得六个交点将圆六等分后，连接六个点，得到两个相交的等边三角形，即是六角星。

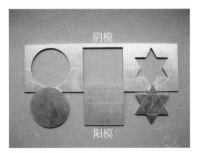

图1-29　阴阳模

图1-30　锉修阳模

图1-31　阴阳模嵌合

图1-32　贴稿

图1-33　上锯法锯切

图1-34　锯切

图1-35　钻出锯切端点

图1-36　完成造型

④锯切完成后，使用小号锉将蝴蝶造型锉修干净（图1-36）。

第四节　砂磨

　　首饰在铸造、焊接、执模、镶嵌等生产环节中，不可避免地会出现诸如多余水口、边锋、砂眼、表面不平、锉痕、铲痕等金属表面缺陷。执模是业内对首饰工件的造型拼合修整和表面痕迹处理整体工序的俗称。其主要任务是彻底清除首饰外表面以及尽量消除内表面的痕迹，使得金属表面光滑亮泽，达到抛光前的要求。执模初期主要使用各种锉对首饰进行整体锉修，使得首饰整体平顺；后期则是对金属表面进行更为细致的处理，多使用砂磨工具、砂纸，配合吊机对首饰表面进行精细抛磨处理。

一、砂轮与胶轮

砂轮与胶轮都是供吊机使用的小型砂磨工具。小砂轮及胶轮的型号、形状各异，型号由粗到细，方便使用。但是由于此类工具消耗量大，故而会提高单位产品的耗材成本。一般是因材施用，灵活地使用在适宜的地方。

1. 砂轮

砂轮由砂磨材料固定在金属小棒上制成，相当于小型的砂轮机，有圆盘型、圆棒型，一般用于首饰前期的初步处理。其轮盘表面较为粗粝，多用于首饰粗坯的处理。如多余水口的打磨及首饰的内、外弧面及小的平面砂磨（图1-37）。

2. 胶轮

胶轮是将各种细质矿物粉末作为砂磨材料，添加到橡胶内混合制成。有弹头型、圆棒型、圆盘型、飞碟型等不同大小型号与造型，一般和飞碟针配合使用。其胶盘细腻，往往用于首饰表面锉修完成后，进行局部消除砂纸痕迹的平顺、抛光处理。一般用于处理首饰镶嵌打磨时留下的铲边、钳夹、錾击等小面积痕迹。其处理类似800#以上砂纸研磨的效果（图1-38、图1-39）。

二、砂纸棒

首饰中的砂磨工序多，对工具的消耗大，使用砂轮及胶轮在大量生产中显得不经济。所以在实际生产中，常用砂纸自制一些简易工具，不仅方便对所需部位的灵活处理，又降低了生产成本。常用砂纸型号由粗到细，常用的有360#、800#、1200#，使用时要遵循先粗后细的顺序。砂纸从纸张软硬度上分为白色与蓝色两种。白色较软，蓝色较硬。依据不同使用习惯区别使用即可（图1-40）。

图1-37 造型各异吊机用小砂轮

图1-38 各种砂磨型号平面胶轮

（a）螺母对准接口

（b）旋紧螺母

图1-39 胶轮安装

图1-40　各种型号的砂纸

图1-41　剪取砂纸条

图1-42　拉卷砂纸条

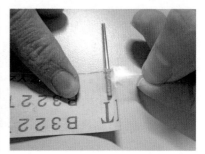

图1-43　粘牢机针

　　砂纸棒主要用于抛磨内、外弧面及一些小的平面。因砂纸棒自身面积所限，一些大的平面反而不易抛平整，容易留下砂纸棒的痕迹。砂纸棒打磨时要注意用力要匀，不能在同一部位持续打磨。砂纸棒在外层磨损后，可以剪去外层砂纸，露出新的砂纸层继续打磨。

　　砂纸棒的制作方法

　　① 在整张砂纸上裁取一定长、宽的砂纸条，宽度一般为机针的2/3（图1-41）。

　　② 将砂纸条在桌沿拉弯曲方便使用（图1-42）。

　　③ 将透明胶（双面胶）一部分裹入机针（裹入机针2/3长），粘在砂纸条背面右上角；另一部分反粘到砂纸正面（图1-43）。

　　④ 以机针为轴心，向左推卷砂纸。推卷时必须层层卷紧。

　　⑤ 用透明胶带将卷好的砂纸棒后端粘紧，使得砂纸层不散开（图1-44）。

　　⑥ 将完成的砂纸棒装入吊机机头即可使用（图1-45）。

　　最为简单的砂纸工具便是用双面胶将砂纸粘在锉或是木条上，针对平面部位进行手动锉磨（图1-46）。

　　目前首饰工具商店有现成的砂纸夹出售，将砂纸插入砂纸夹上的缝隙，并卷厚卷紧，用胶带固定后端就可以使用了（图1-47）。

图1-44 后端缠绕胶带

图1-45 砂纸棒制作完成

图1-46 砂纸木推

（a）砂纸夹

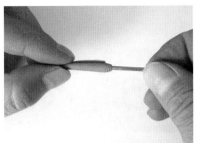
（b）砂纸夹卷装

图1-47 砂纸夹安装

　　砂纸棒制作时要注意，砂纸卷曲的方向应该与吊机旋转方向相反。

　　企业一线生产时，往往制作较厚的砂纸棒方便长时间使用提高效率（图1-48）。目前市面上还有一种小型砂纸轮出售，型号很多，使用也比较方便（图1-49）。

三、砂纸锥

　　首饰的凹面与一些局部细节，需要尖头的砂纸工具才便于深入

（a）厚砂纸棒

（b）厚砂纸棒使用

图1-48 厚砂纸棒

图1-49　砂纸轮

图1-50　剪角

图1-51　卷成喇叭锥状形

图1-52　剪去尾部多余砂纸

图1-53　三角状尾部

图1-54　尾部三角尖塞进锥内

处理。砂纸锥的锥头容易进入到一些内凹死角位置，处理起来十分灵活。而且一些砂纸棒处理不到的细小平面也可用到。由于砂纸锥头部的砂纸较薄，损耗快，建议一次制作多个砂纸锥以方便替换。

砂纸锥制作方法如下：

① 在整张砂纸上裁取一定长、宽的砂纸条，宽度一般为机针的2/3，在背面右下角斜向上剪去一角（图1-50）。

② 砂纸背面，以右上角为锥尖，从剪切出的右下角斜向左上方推卷成喇叭状。

③ 逐渐向左上方卷动形成锥状形（图1-51）。

④ 沿锥形边剪去多余砂纸（图1-52）。

⑤ 捏扁锥尾部，锥尾剪成三角状（图1-53）。

⑥ 将剪出的一个尖角塞入砂纸锥内。

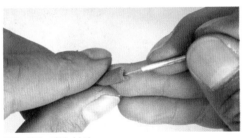

图1-55 塞入针头

图1-56 制作完成

⑦ 再将另外一个尖角塞入（图1-54）。

⑧ 将机针头（伞针为佳）塞入锥尾端，利用两个已经塞入的尖角卡住机针（图1-55）。

⑨ 将剩余机针装入吊机机头即可（图1-56）。

目前市面上也有砂纸锥夹针出售，使用更加便捷（图1-57）。

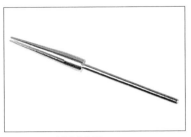

图1-57 砂纸锥夹针

四、砂纸飞碟

不同的砂纸飞碟，既可以处理锉刀、砂纸棒、砂纸锥都难处理的细薄间隙与死角缝隙，又可以抛削多余水口和大面积的平弧面，是一种应用面很广的工具。

砂纸飞碟主要使用砂纸夹针及钢针辅助（图1-58）。

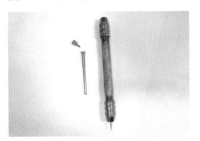

图1-58 砂纸夹针及钢针

砂纸飞碟制作方法如下：

① 剪取一小正方形砂纸。

② 旋开砂纸夹针。

③ 使用旋开的螺母从正方形砂纸**背面中心**穿透（图1-59）。

④ 拧紧螺母，使得砂纸不能旋转（图1-60）。

⑤ 装好针头，轻踩踏板旋动。

⑥ 取一钢针，针头倾斜轻触砂纸磨层面，利用砂纸旋转产生的摩擦抛削力将钢针磨尖（图1-61）。

⑦ 两手分别握紧、稳定机头及钢针，踩踏踏板，高速旋转砂纸。将针尖垂直接触砂纸片背面，并不断增加接触压力，即可划出圆形的砂纸薄飞

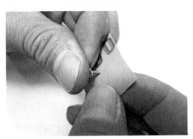

图1-59 砂纸背面插入夹头螺母

图1-60　旋紧螺母

图1-61　磨尖钢针

碟（图1-62、图1-63）。

　　由于首饰各个局部细节不一，企业执模员工生产时往往一次制备多根直径不一的薄飞碟以方便取用：直接用废机针的另一头，用万能胶粘贴在方形小砂纸片上，使用时再用钢针制圆即可（图1-64）。这类薄飞碟由于没有夹针螺母头的阻碍，在抛削一些细节位置更加方便（图1-65）；但是要针对需要力度粗抛削的部位，由于薄飞碟较软，会显得无能为力。针对这种情况，我们可以在砂纸背部先垫上一块较为厚且硬的粗砂纸，在上面叠加圆形砂纸，用砂纸夹针一起固定牢固，这样制成的硬砂纸飞碟抛削有力，适宜大面

图1-62　画出圆形砂纸

图1-63　飞碟制作完成

图1-64　简易砂纸飞碟原型

图1-65　飞碟抛削

（a）正面　　　　　　　　　　　（b）背面

图1-66　硬砂纸飞碟

（a）正面　　　　　　　　（b）背面　　　　　　　（c）使用

图1-67　厚砂纸飞碟

积的粗抛（图1-66）。

　　企业生产时为了提高效率，会制作厚飞碟使用，用于处理一些大平面大弧面的部位。厚飞碟抛削有力，其制作步骤与薄飞碟制作基本一致。将制作出的圆形砂纸叠加十几个后，再一起装在砂纸夹针上，边缘用剪刀向内斜向间隔剪出数十个刀口即可（图1-67）。

五、金刚砂针

　　市面上有整套的各种造型的金刚砂针供玉石加工使用。在金属加工时，也可以作为砂磨工具使用（图1-68）。

图1-68　金刚砂针套装

02

PART

第二章
热加工基础

第一节 认识火

火是能量释放的一种形式，是物质在燃烧过程中散发出光和热的现象。火是人类历史上最重要的发现，火是人类征服自然的伟大工具。有了火，人类世界从此一片光明。通过对火的使用，人类熬过了漫长的冰河期，跨过了昏暗的旧石器时期，走进了新石器时代，并创造了辉煌的青铜时代。凭借着火，人类逐步迈入了现代社会——这是一个因火而生的世界，也必将因火而更加繁华。

一、喷火的工具

火对于绝大多数行业来说都是存在的先决条件。首饰业更是如此，金属开采、冶炼离不开火，铸造、焊接离不开火；熔融、焊接、退火等不同的工序更是需要不同的火，这是一个和火息息相关的行业。

古代先人是如何操纵火焰，集聚火力进行焊接的呢？聪明的祖先们采用了"衔管吹灯"的技法：使用煤油灯和吹筒来进行。吹筒是一个长而细的管子，焊接时，用口衔住，大力吹气，将一旁点燃着煤油灯的火苗喷向需要焊接的地方。通过不断地鼓气吹动，使得火力加大升温，加热金属件完成焊接。这种传统的操作技法，目前在一些偏远少数民族的金属加工中依然保存着（图2-1）。

随着生产力的进步，人们发明制作了各种喷火工具与设备——现代首饰业生产中经常用到的有：使用乙炔+氧气或者煤气+氧气组合的大焊炬；传统打金匠人常用的"皮老虎"；现代改良版的"皮老虎"——熔焊机；靠分解水形成氢气与氧气并燃烧的高温氢氧焊机；加温的设备——采用逆变原理的高频熔金机；采用电阻丝加温的熔金电炉等。

这些喷火（加温）工具根据需要可以调控出不同类型的硬火、软火，以及或快或慢的升温环境。所谓硬火，火焰呈蓝色直线喷射状态，焰锋清晰，力气足，升温快，是焊接时最常用的火焰形式（图2-2）。所谓软火，火焰呈蜡烛般的黄色团形状态，焰团柔和，温度恒定升温小，是预热、退火时常用的火焰形式（图2-3）。

图2-1 传统焊接

图2-2　硬火

图2-3　软火

1. 焊炬

焊炬，一般由1～2个燃气储气罐及焊炬喷头组成［图2-4（a）］。燃气储气罐，一般是一个储气瓶，储存液化气、天然气，混合空气点燃使用；如果要求火力猛的话，可以另外配备一个助燃储气罐——内装氧气。2个储气罐通过软管连接到焊炬喷头，可以得到温度更高、更猛的火力。假如还是不能满足对火力的需求，尤其是首饰企业生产中，则更倾向于选用大型的焊炬设备，采用乙炔配合氧气的组合，这一组合能够达到约3200℃的高温。对于金属的熔炼能提高工作效率。不过这类特种操作人员需要经过严格的安全培训，是需要持证上岗的［图2-4（b）、图2-4（c）］。

2. "皮老虎"

"皮老虎"是组合焊具的俗称，是一种传统的"打金"工具（图2-5）。焊枪、风球、油壶经由软管连接组成，使用高标号汽油①。风

（a）煤气、氧气焊炬组合　（b）乙炔、氧气焊炬组合

（c）大焊炬火力

图2-4　焊炬

①首饰企业多使用白电油，个人工作室可以采用97号汽油替代。

球是由两块像乒乓球拍的木板连接胶片构成的一个风箱，踩踏风箱时，空气通过连接在风箱上的软管输入油壶中，大量的空气挤入狭小的油壶时，油壶内的油开始汽化并形成油气混合体，这一混合气体随着压力经由油壶的出气口通过另一条软管输出到焊枪，这时旋开焊枪上的通气开关，点火就可以了。要保持火焰不灭，就必须不断地踩踏风球。力气大火力猛，力气小火力柔，这使得对火力的掌控十分灵活，需要操作者熟练的手、脚、眼的协调操作，以及通过一定时间的实际操作来累积对火力掌控的经验。

图2-5 皮老虎

常用"皮老虎"的油壶分大、中两种，大油壶一般配合大焊枪作为大面积退火及熔金时使用；中型油壶一般配合中小型焊枪小面积退火及焊接使用。小焊枪产生的火焰更为细长，十分适合精细部位的点焊。中型焊枪产生的火焰面可宽可窄，调节力强，适用面广（图2-6）。

图2-6 大中小型号焊枪

3. 熔焊机

熔焊机是"皮老虎"的现代版，是一种一体式储油鼓风设备（图2-7）。机器内合成了储油罐及可控的鼓风机，依据不同需求调控面板上的火力挡位开关及压力大小开关即可，免除了"皮老虎"需要人工踩踏的费力操作，而且出火稳定、安全，效率较高。

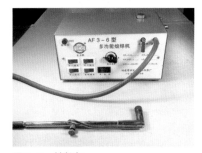

图2-7 熔焊机

4. 氢氧焊机

氢氧焊机也称水焊机。其燃料比较简单——只需要加入纯水即可，操作过程中完全无污染，零排放，而且火力也最高。其原理是通过电流分解水得到氢气与氧气，再使用混合燃烧的焊接设备，配合不同型号的枪头，能产生细长的高温火焰，是针对铂金这种高熔点贵金属的专用焊接设备。这种焊机不适宜焊接普通低熔点金属，因为其过高的火力喷射到金属表面，金属瞬间便被熔

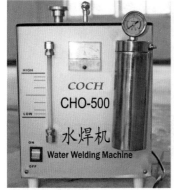

图2-8　氢氧焊机

图2-9　氢氧焊机焊接铂金手链

图2-10　手提熔金炉

化掉（图2-8、图2-9）。

5. 熔金机

使用电流通过电阻丝产生热量对坩埚加热，通过热能将金属熔化。熔金机的种类很多，有大型的熔金电炉，也有小型的手提式小炉（图2-10），适合各种操作环境，熔金重量各不相同。其加热速度慢，熔金耗时以小时计算。

6. 高频熔金机

高频熔金机是目前较为先进的快速熔金设备（图2-11），效率高，操作安全，是采用逆变技术原理开发的高频感应加热设备。这种设备加热速度快，一般十几分钟就可以将坩埚内的金属加热到熔点，而且坩埚具备一定的保温能力，在短时间内方便夹取坩埚进行浇铸等其他处理。其熔金耗时在十几分钟内即可完成。

二、安全用火

1. 焊炬安全操作

①"点火再助燃，关火先闭气" 焊炬喷头有两个输气金属管道，液化气管道为主管道，助燃气为辅管道。首先确保所有阀门均处于关闭状态，

图2-11　高频熔金机

旋开液化气阀门，再旋开喷头主管道阀门，听到"哧哧"声待液化气畅通后，可点燃喷头，调节阀门使火焰由黄转蓝，充分燃烧；依据实际火力需要，可旋开助燃气罐，再缓慢旋开喷头辅管道阀门，观察火力变化——火焰会瞬间变大变亮并伴随着强烈的啸声——这属于正常现象。这时便可将火焰对准需要熔融的金属进行加热。液化气与氧气的组合能够达到约2800℃的温度。当加热完成后，应当先关闭助燃气罐，再关闭喷头辅管火力明显减小，这时关闭燃气罐，最后关闭喷头主管道阀门。

② 氧气在高速喷射状态下一旦遇见液态的油，化学性质活跃的氧分子与极易汽化的汽油分子在油面高速摩擦碰撞，容易出现起火事故，所以氧气罐一定要远离油液，单独存放。

2."皮老虎"安全操作

① 检查。首先检查"皮老虎"的橡胶软管[①]，重点检查有无裂纹及漏气的情况，且软管一年一换。

② 加油地点。固定一个较为空旷的区域作为加油专区。该区域应远离明火，周边不能有易燃易爆物。

③ 倒油。将大桶存储的燃油倒入到量杯内，一次倒油不要超过量杯1/3刻度。倒油时，注意避免洒漏。加油完毕立刻盖好大油桶盖。

④ 加油。加油前焊枪高于油壶位置，以免油壶翻倒后油液流入到焊枪软管内；旋开油壶加油盖，放稳漏斗，燃油从量杯倒入漏斗，每次加油只能加入油壶容量的1/3（小型漏斗一般加入1.5漏斗油量）。"皮老虎"产生的火力大小并不是油多油少决定的，而是取决于风球压入的气体与油桶内蒸发的燃气混合量的多少。加油过多，反而减少了油气混合空间，压缩空气在狭小空间中，易将油压入焊枪口喷出，这时的喷枪一旦点火就不再是喷火了，而是喷着燃烧着的小油团向外四射。加油后，将量杯中多余燃油倒回储油桶。

⑤ 点火。点火前，清理干净桌面，保证不能有任何易燃易爆的物品在台面上。旋开焊枪上的开关，枪口向外，轻轻踩踏风球。听到有轻微的"哧哧"声即说明气体流通顺畅。保持轻踏风球节奏，点燃打火机，火苗靠近枪口时点燃火焰。在教学中，往往有粗

---

① 油壶有直头、弯头两个金属管。直头使用软管连接风球；弯头使用软管连接焊枪。连接风球及焊枪的橡胶软管长度应该在2m左右。太短，在使用中焊枪枪体容易发热；太长，又导致风力输送不足。

图2-12　电子点火器

图2-13　焊板

心大意的学生点火后，顺手将打火机放在台面，这是一个比较危险的习惯。一定要提醒学生时刻牢记点火后，火机应当收入抽屉内。建议使用焊枪专用电子点火器（图2-12）。

⑥ 使用。火焰的软硬、大小可通过踩踏风球和调节焊枪风门旋钮来配合调节。整个使用过程中，依据所需火力，保持合理力度，有节奏地缓和**轻踏风球，切忌突然加力！**脚下用力不能过快过猛，短时段内过强的空气压力极其容易将油液压入焊枪，造成喷油喷火的危险。一旦出现漏油喷火情况，立即捏紧焊枪软管并迅速灭火。

⑦ 关火。使用完毕时，拇指迅速推旋焊枪风门旋钮，同时停止踩踏风球，火焰熄灭后将焊枪搁置在焊板[①]（图2-13）上。

3. 熔焊机安全操作

熔焊机的工作原理和"皮老虎"一样，只是将风球和油壶组合到了一起，使用电力进行鼓风操作，所以其操作步骤大体一致。

① 检查。首先检查所有挡位开关均处于关闭状态，各升降旋钮处于最低挡位；焊枪与熔焊机的软管有无裂纹等现象。

② 远离明火。焊枪及橡胶软管搁置在熔焊机上方，避免油液渗入软管。使用漏斗加入1/3油量（小型漏斗加入约1.5漏斗油量）。加油后，将量杯内多余燃油倒回储油桶。

③ 点火。接上电源，打开主开关，打开一挡开关，枪口朝外，听到"咻咻"的通气声后即可点火。

④ 使用。熔焊机的火力大小全靠各挡位开关、升降旋钮来调节。调节时应该缓慢有序操作，如挡位开关，一般熔焊机有四挡

---

① 焊板，由一种耐火材料制成的平板，焊接时用于承载金属部件及隔离火焰。

机和六挡机，每升一个挡位，火力都会加强约1倍。无论是升挡还是降挡，必须1挡、2挡、3挡逐一打开开关，按序进行，不允许跳挡升降，以避免火力变化过大出现意外。一般情况，如四挡机，除了熔金操作，正常操作时用到第3、4挡的机会都不太多。火焰的软硬、大小可以通过挡位、升降调节旋钮及焊枪上的火焰旋钮来相互配合调节（图2-14）。一般新加入的汽油，点燃的火焰由于含有部分杂质，初期会是黄色火焰居多，稍微燃烧后就可以改善了。

⑤ 关火。关火时需要拇指迅速推旋焊枪风门旋钮，同时关闭主电源开关，将熄火后的焊枪搁置在焊板上。

4. 氢氧焊机安全操作

铂金材料熔点高，"皮老虎"、熔焊机对它无能为力。针对这类高熔点金属材料，业界研发了氢氧焊机，俗称水焊机。这种焊机是以水为原料，混合作为催化剂的氢氧化钠或氢氧化钾，通电后经过电解反应产生氢气和氧气，混合燃烧产生高温。这种设备经济环保，焰温高达2800℃，除去对铂金材料的加工外，还适宜对亚克力有机玻璃产品的抛光以及光纤焊接等，大型的氢氧焊机加高压氧可以切割多种厚度的钢板，以及石英材料的加工。

氢氧焊机的操作步骤如下：

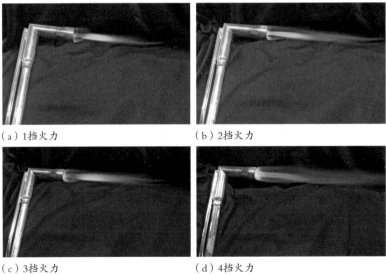

（a）1挡火力　　　　　　　　　　（b）2挡火力

（c）3挡火力　　　　　　　　　　（d）4挡火力

图2-14　各挡火力

① 在机器水槽内按水：电解粉=5∶1的比例，加入约1000g蒸馏水（没有纯水净化设备的情况下，建议购买蒸馏水）及200g电解粉。搅拌均匀，发热完毕冷却至室温后待用；首次配制电解液后，随着电解液逐渐消耗，气压会下降，只需添加蒸馏水保持其正常工作水位；电解液约一季度更新一次。

② 拧开加注开关，加注至"高位"。

③ 拧开乙醇罐，加入乙醇，直至容器1/2高度。

④ 开机，压力表有反应，拧开喷枪开关，有气体喷出即可点燃。

⑤ 关机，先关闭喷枪，再关闭机器电源开关；然后再打开喷枪，排放掉机器内的余气，再关闭喷枪。

5. 灭火

图2-15　灭火训练

如遇起火的紧急情况，小火可以用盖、踩、吹的方法灭火；如果火大且无法控制，必须使用灭火器灭火。首饰操作间起火多半是燃油引起，二氧化碳或是干粉灭火器应该预先配备在工作台边。紧急灭火时，切勿慌乱，第一时间提起灭火器，拉出安全栓，对准火源根部，用力按下压柄即喷射出干粉。

平时应该多组织几次灭火的实战训练，做到有备无患，临事不乱（图2-15）。

6. 疏散的演习流程

① 灭火与警报。当遇到紧急起火情况，一定不能慌乱。首先由起火点处的人进行灭火，处于起火点周围的人进行协助灭火。如果是熔焊机，周围的人要立刻拔掉电源插头。同时大声呼叫，提醒全部工作人员准备紧急疏散。如果是配备了输气管道的整体供气厂房，更必须在第一时间关闭供气总阀门。

② 切断总电源。听到警报声后，位置离房间总电源最近的人负责第一时间拉断电闸，然后有序撤离。

③ 打开各个房门。听到警报声后，位置离房门最近的人负责第一时间打开房门，并第一位撤离。

④ 听到警报声后，所有人员要按照事先规划好的有序撤离区域——以房门为目标划分疏散区域，预先规定好不同区域中人群的

撤离通道。撤离过程开始时，第一时间灭掉自己工作台的火源，焊枪一定要放置在焊板上，顺手将座椅推进工作台以便于走道通畅。

这些安全用火的各项规定和灭火及疏散的程序，必须在开始练习使用火之前，进行多次实际点火的强化训练，做到心中有数、临事不慌，处理娴熟、疏散有序。

【训练任务】

独立操作使用皮老虎、熔焊机。

【训练目的】

掌握"皮老虎"、熔焊机的安全操作方法。

【工具与材料】

熔焊机、皮老虎、白电油。

【操作步骤】

① 加油练习。注意按照加油要求，加入适当油量。

② 通过调节熔焊机"1～4"挡位、"升—降"、"火焰调节"以及焊枪风门旋钮，感受并掌握控制火力大小，掌握"软火"、"硬火"、"细长火"（图2-16）的调节方法。

③ 通过踩踏风球以及焊枪的风门旋钮的手脚配合，感受并掌控火力大小，掌握"软火"、"硬火"、"细长火"的调节方法。

④ 根据操作规定，安全熄灭火焰。

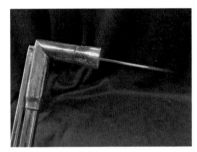

图2-16 细长火焰

第二节 认识银

银，英文Silver，元素符号Ag。纯银熔点960.5℃，925银熔点893℃。银色泽白亮，是电的最好导体。银极易和硫及硫化物反应，出现表面色泽变黯淡以至发黑的旧色效果。这种缺点，严重影响了它的价值。所以很多银饰品需要做表面电镀处理。由于其良好的加工性，银一直以来是制作首饰、工艺品、高档餐具等生活用品的理想材料，而且在工业生产中应用也极其广泛。

在古代，银一直是作为主要流通货币；现代社会中，银的货币

图2-17 纪念银币

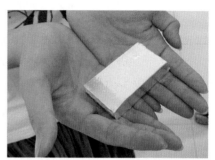

图2-18 纯银块

属性渐弱，但是银的价值还是世人公认，经常被用来制作有价值的纪念币类的产品（图2-17）。目前，白银的主要生产国有中国、智利、秘鲁、墨西哥等，全球每年白银的开采量近3万吨。

银浸泡于水中后，会有微量的银离子析出。银离子具备强大的杀菌能力，每升水中只要含有$2×10^{-12}$mg的银离子就可以杀灭水中的大部分细菌，且对人畜无任何伤害。

一、足银

足银含银量为99%，其质地柔软，延展性极好，多作为制作非镶嵌素款首饰的材料（图2-18）。目前首饰用银原料多为银板及银粒两种，建议选用银板材料，其成色及后期浇铸效果均好于银粒材料。

二、925银

925银又称标准银[①]。因为足银太软并且容易氧化，为了使银制品具备理想的硬度、亮度、光泽及抗氧化性，而且能够镶嵌各种宝石，所以配制出含量为92.5%的纯银与7.5%的铜、锌等其他金属一起组成的银合金（详见第四节熔融与铸锭）。这种银兼备银的柔软和铜的硬度，具备适当的硬度和韧性，适宜各种首饰款型的制作与镶嵌，故而是首饰生产中的主要用料。

---

① 1851年蒂芙尼推出第一套含银量92.5%的银饰品后，925银为人们逐渐接受的同时，逐步成为美国银制品的标准继而推广全球，形成了"标准银"的概念。

三、80银

80银是含80%纯银与20%纯铜的银合金。这种银合金具备一定硬度，比较适宜制作如领带夹、扣针等需要足够弹性与强度的零部件（图2-19）。

图2-19 80银袖口配件

图2-20 黄金纪念品

第三节 认识金

一、黄金

黄金，英文Gold，元素符号Au。纯金熔点1064.43℃，密度大，为19.32g/cm³，抗氧化性强。俗话说"真金不怕火炼"就是指黄金在烈火中依然不会如其他金属一样发黑变色。其化学活性低，掩埋在地下数千年的黄金，无论环境多么潮湿恶劣，也不锈蚀；挖掘出来擦洗干净，依然是金光闪闪，光彩夺目。

自古以来，黄金就号称金属之王。在自然界较为稀缺，可以说是对人类诱惑最大的金属，一直是财富的主要代表。人类在数千年的文明史中大约生产了14万吨黄金，大部分用作国家金融战略储备、工业生产及黄金饰用品、投资品（图2-20）来使用。

绝对纯度的黄金是不存在的，即便是目前世界上最接近于100%纯度的黄金，也只能是在耗费了大量的人力物力基础上取得的实验室标本而已，完全不具备流通的可能。目前，依据国家标准《首饰贵金属纯度的规定及命名方法》规定，贵金属含量不低于99%的纯度以"足"命名，如"足金""足银"。

黄金硬度低，质地柔软，延展性极好。在现代加工技术条件下，1g足金可以拉制成3420m长的细丝，或可以压制成厚度仅为$0.23×10^{-8}$mm的金箔。

足金的莫氏硬度值仅为2.5，与人指甲的硬度相当。在日常佩戴过程中很容易发生变形磨损，不易保持细致花纹。而且如此低的硬度也导致其不易加工成款式复杂的首饰，更无法镶嵌宝石。因此一般足金首饰的款式多为素金款①。

如同925银的配制一样，在黄金里面添加银、铜等其他元素，也可以提高黄金的硬度，制作出多姿多色的黄金首饰。不过这样一来，降低了黄金的成色，成为了K金首饰。

二、K金

为了加强纯金的硬度，提高黄金饰品的耐用性，并且解决黄金质软无法镶嵌的问题，人们研制了黄金的合金金属——K金，并制定了相应的K金制度。

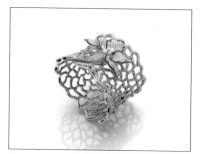

图2-21　K金镶嵌手镯

图2-22　铂金纪念币

K金是在纯金中熔入其他金属而制成。K金制度是指合金的纯度由高到低共分为24种。24K为纯金，即100%，故而1K的含量约为4.16%，并可以以此类推出各K数合金中的黄金含量。如首饰制作中最常用的18K金为18K=（100／24）×18=75%，就意味着黄金在其中占75%的含量。

我国规定低于9K的黄金首饰是不能称之为黄金首饰进行销售的。

K金制作中，由于加入黄金中的其他金属种类不同，比例不一，导致K金会呈现出不同的色泽。如K白金就是在金中加入了银、铜、镍②、锌这4种金属，并按一定比例合炼而成，其色泽呈白亮状，很受人们喜欢，是K金中最为常用的。又如玫瑰金，其配方就是由金、银、铜3种金属按适当比例互熔而成（图2-21）。

---

① 针对足金偏软的情况，近年来企业采用黄金电铸工艺，通过改良电铸液中的黄金含量及工艺配方，大幅提升黄金的物理硬度，使得通过电铸的方式制造形状复杂细致，重量轻，硬度高，抗磨性强的中空型黄金饰品。深受消费者喜爱，目前在市场上已经广泛销售。
② 由于镍会造成部分人群的皮肤过敏反应，具有潜在毒性的问题，各个国家一直在研发新型的无镍K白金合成材料。

三、铂金

铂金，英文Platinum，元素符号Pt。根据我国国家贵金属首饰标准，只有铂金才可以称为白金（图2-22）。

铂金熔点1773.5℃。它的高熔点决定了铂金金属的加工十分困难，化学性质稳定，除王水以外不受任何酸、碱的侵蚀。

较黄金而言，铂金是世界上最稀有的金属之一。世界铂金的年产量仅为85吨，只有黄金年产量的5%。世界上仅有少数几个国家出产铂金。南非的铂金产量占全球总产量的80% 以上，其余大部分是俄罗斯出产的。铂金的工艺难度比黄金高，提纯损耗大，也难检验，因此回收价格很低。铂金本身并不保值，只不过日本、中国等少数亚洲国家的人喜爱戴铂金首饰，而且中国正逐渐超过欧洲成为铂金全球最大买家。

（a）入水

（b）成粒

图2-23　黄铜颗粒制作

第四节　熔融与铸锭

一、熔融与铸锭操作训练

熔融，是指物体温度升高时，分子的热运动能增大，导致结晶破坏，物质由固相变为液相的过程。在金属冶炼中，固态金属转换成液态金属。

以铜的熔融为例，一般选购优质黄铜粒作为原料，这些外形近似球形、尺寸适中的金属颗粒有利于熔炼时受热均匀，熔合顺利，能减少孔洞、砂眼等缺陷。

黄铜颗粒制作方法：将熔融状态的金属液倾倒入经搅拌后呈旋涡状的温水中，金属液在水中瞬间降温并分裂成液滴状，待凝固后便得到了金属颗粒（图2-23）。

1. 少量处理

少量处理一般是指50g以内的金属熔融。通常使用1～3部"皮老虎"（熔焊机）共

（a）硼砂加热

（b）将熔融硼砂涂抹至出口

（c）釉层完成
图2-24　新坩埚准备

图2-25　放入银料

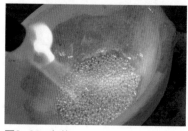

图2-26　加热

同加温来完成。

熔融50g纯银。

① 掌握新坩埚的处理方法。
② 掌握银的少量熔融温度。
③ 掌握浇铸方法。

油槽、坩埚、坩埚钳、镊子、两部熔焊机、纯银粒、硼砂。

① 新坩埚准备。在新坩埚内加入适量硼砂，用火将硼砂烧至熔融状态，将黏稠的硼砂液均匀地抹在坩埚内壁，并将出水口全部涂抹到位；冷却后，坩埚内壁便附着了一层釉质层。釉质层是由硼砂熔化冷却凝固在坩埚内壁形成的一种光滑的玻璃质釉层，使得金属损耗少、不易粘埚（图2-24）。

② 油槽内预先抹上薄薄一层机油——方便金属浇铸后的脱离，略微倾斜放置——方便银液在槽内流动形成长条形，适宜后期的压片处理。

③ 称出50g银料后，使用磁石吸附处理。将银粒清洗干净并晾干。

④ 在坩埚内放入银粒。先后打开2部熔焊机，均采用2挡。两把焊枪对角放置，火焰调节成蓝色长锥状的硬火，斜向下喷火，火枪距金属的距离以外焰长度为准（图2-25、图2-26）。

⑤ 仔细观察，当银粒个体开始熔化，颗粒间互相熔合连接组成更大液面时，在银料上撒入少量硼砂，起到助熔与隔绝氧气的作用（图2-27、图2-28）。

⑥ 当银粒间完成共熔，整个坩埚内呈现明亮的液态状（类似水银一般），用坩埚钳夹牢埚壁，轻轻晃动，使得液体在埚内轻轻旋动——有利于

图2-27 开始熔融

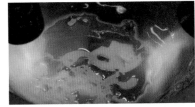

图2-28 大部分熔融

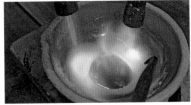

图2-29 完全熔融

图2-30 准备浇铸

图2-31 浇铸

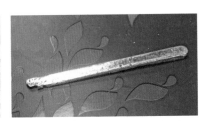

图2-32 冷却

图2-33 银条

内部金属的熔合（图2-29）。

⑦ 保持火力与覆盖范围不变，坩埚钳夹紧坩埚口沿，移动到油槽上方。坩埚注水口抵近油槽，倾斜坩埚，使火力开始集中覆盖整个金属表面及坩埚出水口位置（图2-30）。

⑧ 将金属液倒出，不宜太快，也不宜过缓，中间更不能有停顿（图2-31）。太快容易导致金属在冷凝过程中出现气泡孔洞；过缓则容易出现先倒入的金属已经冷凝，而后续金属只能在冷凝的金属固体上堆积，造成铸锭不均匀，产生分层的情况。

⑨ 关闭焊枪，检查油槽中的银铸块。自然冷却后，用镊子将银块取出即可（图2-32、图2-33）。

图2-34　乙炔焊炬熔金

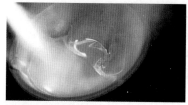

图2-35　黄金熔化中

图2-36　入料

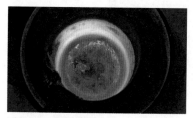

图2-37　开始熔融

图2-38　搅拌均匀

2. 中量处理

中量处理一般是指100～200g的金属熔融。通常使用焊炬（煤气或乙炔+氧气）完成。由于金属料的增加或是金属材质（黄金）的熔点较高，"皮老虎"产生的热力远远不够，所以选择这类焊炬来增大火力与温度，其具体的操作与少量处理方式基本一致（图2-34、图2-35）。

3. 大量处理

大量处理一般是指500g以上的金属熔融。通常使用熔金机或大焊炬完成。

【训练任务】

以高频感应熔金机熔融500g黄铜。

【训练目的】

① 掌握高频熔金机的使用。

② 掌握大量黄铜的熔融方法。

【工具与材料】

油槽、石墨坩埚、石英棒、坩埚钳、熔金机、铜粒。

【操作步骤】

① 清洗晾干石墨坩埚及黄铜颗粒。

② 称料后，使用磁石处理铜粒后放入坩埚（图2-36）。

③ 开机，首先打开降温循环水泵，并保持低温预热3min。

④ 使用隔热板覆盖坩埚口，尽量隔离空气。逐步加大升温力度，调整适当的升温速度。

⑤ 观察金料变化。由于坩埚内温度是由外向内传递的，所以靠近坩埚壁的金属粒会先行自熔，当周围的铜粒个体开始熔化，颗粒间向内互相熔合连接扩散成更大液面时，使用石英棒搅拌金属液，并将浮在金属液上方的杂质渣滓捞出（图2-37、图2-38）。

⑥ 此步骤与④步骤同步进行。油槽内涂抹上

图2-39 油槽上机油

图2-40 抹匀机油

图2-41 加热油槽

图2-42 浇铸

一层薄油膜；使用焊枪大火不停灼烧油槽，加热油槽（由于金属液量大，如果接触到冰冷的油槽时会使得下面的金属开始冷凝而上层的金属还在流入的情况，造成浇铸出的金属内部熔合不好。通过加热油槽，减少这种温差带来的问题，使浇铸过程在一个相对保温的环境下进行）。控制油槽温度在500~600℃（图2-39至图2-41）。

⑦ 当金属液已经完全熔化，呈明亮色时，按下停机按钮，用坩埚钳将坩埚夹出，抵近油槽进行浇铸（图2-42）。

⑧ 浇铸完后，使用焊枪保持数分钟继续加热金属块与油槽（图2-43）。

⑨ 待金属逐渐冷凝，光芒转为暗红色后可取出（图2-44）。

图2-43 继续加温

图2-44 冷却取出

以上三种采用不同的熔融方法的操作过程中，要注意控制火力温度和火焰气氛。黄铜中的锌极易被氧化还原造成损耗以及污染，所以温度一般要控制在980～1020℃，避免金属过烧；当金属熔融均匀后，应当立即浇铸，避免长时间保持熔融状态。使用熔焊机（皮老虎）明火熔金时，要合理使用火焰气氛，尽量使用蓝色的还原焰，将金属面与空气隔离开，减少氧化；大量浇铸首饰铸型时，建议选用可以注入惰性气体保护的全自动浇铸设备。

二、925银配制

925银是银与铜的合金，由于金、银、铜在化学上属于同族元素，分子间有着极佳的结合性，可以无限互溶。925银是将两种金属高温熔融成液，两者相互交融一体制成。

1. 配料

（1）**配方**　依据925银的配方，理论上银含量为92.5%，铜含量为7.5%。但是首饰生产中，很多部件需要使用银焊药进行焊接组合。由于银焊药内有一定量的铜（详见本节三、焊药配方），故而实际生产中，925银饰在铸造过程中往往加大银的比例，一般调整为93%的银含量，利用整体多出的0.5%银含量去抵消焊接过程中稍微增加的铜含量，有利于首饰整体达到标准银的含量。

故而企业实际生产中，银、铜比例调整为：93：7=银：纯铜，以此配方配制成930银开展生产。

（2）**称料**　先称出银料，根据比例计算并称量出恰当纯铜原料或银补口。

补口，是制备合金过程中需要添加到主体金属中的辅助金属成分，通常由多种金属成分按所需比例配制构成。这些补口配制科学，对生成的合金材料能起到美化、防氧化、提高硬度等有益于合金整体性能提升的效果。依据不同的材料，有银补口、金补口等；依据不同的用途，补口可以调节合金的各种物理性能，如有专供拉丝、锻造等不同用途的各种材料的专业补口（图2-45、图2-46）。

（3）**清洗**　将银料与铜料（银补口）清洗干净，晾干备用。

2. 制料

以熔焊机熔融操作为例。

（a）抗氧化银补口

（b）抗氧化银补口颗粒

图2-45 抗氧化银补口

（a）K金补口

（b）K金补口颗粒

图2-46 K金补口

【训练任务】

将25g纯银配制成930银。

【训练目的】

掌握930银的配制方法。

【工具与材料】

油槽、坩埚、坩埚钳、镊子、3部熔焊机、银、纯铜粒或银补口粒、硼砂。

【操作步骤】

① 将25g纯银配制为930银，依据配方比例93：7=25：铜，可以计算出所需纯铜粒（补口粒）约为1.9g。

② 金属料及坩埚清洗干净、晾干。油槽内预先薄薄抹上一层机油，略微倾斜放置。

③ 由于纯铜（补口）的熔点较银高，故先放入铜粒（补口粒）。先后打开3部熔焊机，均采用2挡。两把焊枪呈对峙状，火焰调节成蓝色长锥状，斜向下喷火，一把焊枪在金属上方缓慢旋转，

图2-47　浇铸930银

图2-48　冷却

使得火力全方位覆盖。

　　④ 当铜粒（补口粒）受热发红逐步显出红亮光时，可以加入银料共同加温。

　　⑤ 仔细观察，当金属粒个体开始熔化，颗粒间互相熔合连接组成更大液面时，撒入少量硼砂。

　　⑥ 当金属完成互熔，整个坩埚内呈现明亮的液态状，用坩埚钳夹牢埚壁，轻轻晃动，使得液体在埚内轻轻旋动。

　　⑦ 保持火力不变，覆盖不变，将坩埚移动到油槽上方。坩埚水口抵近油槽，倾斜坩埚使火力集中覆盖整个金属以及坩埚出水口位置。

　　⑧ 将金属液匀速倒出，中间不能停顿（图2-47）。

　　⑨ 关闭焊枪，检查油槽中的银块，用镊子将银块取出即可（图2-48）。

三、焊药配方

　　焊接方式之一的钎焊，是通过烧熔第三块金属将另两块金属连接的焊接方式。当第3块金属熔化后（其熔点必须低于被焊接金属），流入两块金属的缝隙之间，凝固后，两块金属就连接在一起，并且达到一种分子级别的紧密牢固程度。这个第三块金属便是焊料，业内俗称焊药。

　　焊药通常有高、中、低温3种不同熔点的型号，以对应不同焊接需要——如果一件首饰要经过几次焊接组合，首先选用高温焊药，依次下来选择中温与低温焊药。这样才不易出现第二次焊接时烧熔第一次焊接处焊药的情况（参见第三章第一节 烧焊技巧）。

　　由于焊药是在主金属材料中添加其他金属材料来降低熔点的，所以高温焊药含主材最多，熔点最高，颜色最接近主材，焊接也最牢固。随着焊药熔点下降，焊药中其他金属材料的不断加入，就形成了中温、低温焊药，由于主材含量减少，其颜色也逐渐偏离。

　　例如18K金焊药是由纯金、铜、锌、镍等不同金属材料组成；银焊药是由银、铜、锌组成的三元合金，分别用来焊接18K金及银质饰品。生产中，企业除自制各类相应焊药外，也可直接购买各类专用的K金及银焊药。其配方见表2-1至表2-3。

表2-1	18K金焊药配方表	单位：%
焊药型号	含纯金量	含补口量
18K黄　中温焊药	75	25 （Ag2.8+Cu12.2+Zn1.8+Cd8.2）
18K白　中温焊药	75	25 （Cu12+Ni12+Zn1）

表2-2	990银焊药配方表	单位：%
焊药型号	含990银量	含补口量
990Ag　高温焊药	85	30 （Cu9+Zn6）
990Ag　中温焊药	75	40 （Cu15+Zn10）
990Ag　低温焊药	65	50 （Cu25+Zn10）

表2-3	925银焊药配方表	单位：%
焊药型号	含925银量	含黄铜或补口量
925Ag　高温焊药	70	30
925Ag　中温焊药	60	40
925Ag　低温焊药	50	50

　　焊药通常被加工成片状、线状、粉状使用。目前，首饰用品店内可以购买到现成的银焊片、银焊条，以及银焊药粉、金焊药枝等，节约了配制焊药的时间。

四、焊药配制

各配制5g高、中、低温三种型号的925银焊药。

掌握焊药配制方法。

坩埚、熔焊机、925银块、黄铜粒（银焊药补口）、明矾水。

以高温焊药配制为例。

① 金属料及坩埚清洗干净、晾干。

② 依据配方，计算出所需黄铜粒（银焊药补口）约为2.1g。

③ 坩埚内放入5g 925银粒及2.1g黄铜粒（银焊药补口）。打开熔焊机，调至2挡。由于料少，可以将火焰调节成蓝色长锥状，对准金属颗粒直喷。

④ 随着温度升高，当金属完成互熔，整个坩埚内呈现明亮的液态，液体开始在坩埚内被火焰吹着旋动时，停火。

⑤ 待焊药冷凝，从明亮色转为红色、暗红色时，用镊子夹出（一旦金属开始冷凝，与此同时坩埚底部的釉层也开始凝固，会使得金属粘在坩埚上无法取出）。

⑥ 使用明矾水沸煮焊药3min，清洗干净备用。

第五节　压延与拉丝

金属铸锭成型后，需要通过压延的手段将其压薄成板材，或是通过拉丝的方法将其变成线材，以方便后期的加工使用。

一、压延

压延，主要使用压片机来压制片材或是线材。其原理是莫氏硬度低于钢的金属片在通过压片机的2个钢制滚轮时，经过巨大的滚轧压力之后都会变薄从而延长。压片机上的滚轮是供压延平面金属使用的，滚轮上的方口凹槽是供压延方条状金属使用的。

1. 锻打

送入压片机的金属材料必须平整。铸锭出的金属块都应该通过锉修、锻打等方式将金属块表面处理平整干净，才允许送入压片机。

锻打多是用钳一边固定金属块，搁置在铁毡上，一边用铁锤用力锤击，使得金属块整体发生变形，达到所需造型要求为止（图2-49）。

2. 退火与淬火

金属在受到锻打、拔丝、弯曲等作用力后会延展变形，同时金属块也逐渐变硬变脆，直到最终断裂。在漫长的金属加工中，先人们发现了恢复金属原有的韧性和延展性的方法——退火。

退火，是指加热金属使其恢复延展性，方便继续对金属进行加工的处理方法。金属加工过程中往往需要多次退火操作——一旦感觉金属变硬，不太容易制作的时候，就可以考虑再次退火后再加工了。

图2-49 锻打

不同金属有不同的退火温度，也有不同的退火方法。

① 退火火焰首选软火，即火面宽且软。这种低温火焰不易熔化焊点。而过猛的火力会加快金属的氧化，使得氧化层变厚，会损耗金属。

② 退火时火焰未必能完全覆盖住首饰，所以金属表面都应该先后均匀过火（图2-50）。

图2-50 退火

③ 线材退火时，尤其是很细的线丝退火，容易将松散的单条线丝直接烧熔。应当将金属丝盘起成捆进行退火——将金属丝的两头绕住整盘线材，以避免加热时金属丝散开。也可以用铁丝捆住，但是酸洗前要解去铁丝，以避免铁质溶解在酸内污染酸液及金属件（图2-51）。

不同金属有不同的退火方法，更有不同的冷

图2-51 盘丝退火

却方式——淬火。

淬火，是指将高温的金属放入水中急速冷却的方法。这种方法能够在一定时间内保持退火后金属的柔软状态。

淬火的水以冷水为佳，但要注意，不是每种金属都能在退火后立刻直接浸入冷水淬火的。如14K以下的K金、925银、黄铜，这类金属在高热即冷的情况下容易发生开裂。它们应该在退火后，等到红色消退才能放入水中；而黄金、纯铜则可以迅速浸水冷却。

3. 酸洗

酸洗，是一种使用稀酸对加热后的金属进行清洗，以去除锻打及加热过程中金属产生的氧化层及烧结在金属表面的硼砂釉质层，还原金属材质本来面目的方法。具体稀酸配制方法详见第三章第一节 焊接。

4. 压延准备

【训练任务】
黄铜块压延前退火、淬火准备。

【训练目的】
掌握金属材料退火及淬火状态。

【工具与材料】
铁锤、铁毡、平面锉、熔焊机、焊板、冷水。

【操作步骤】
使用锤、锉等工具去除黄铜铸锭上面的鱼鳍状多余金属，使得铸锭表面平顺。

每当感觉铜块开始变硬时，就可以放到焊板上进行退火操作。

【退火操作】
① 使用"软火"对铜块进行加温退火，烧到微红状态即可。
② 焊枪可以来回移动，以保证金属块受热均匀。
③ 趁热将铸锭逐步锻打变薄，敲打出合适造型。压延前，根据使用目的，将铸锭锻打成合适造型以匹配压片机的滚轮或是方形凹槽。需要压片，铸锭尽量打薄；需要压线材，铸锭尽量敲打成四边规矩的条状。
④ 浸入稀酸几分钟，去除氧化层，取出清洗晾干待用。

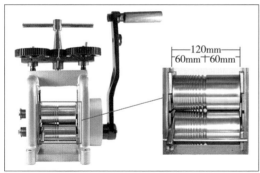

（a）手动压片机　　　　　　（b）电动压片机

图2-52　压片机

5. 片形压延

压片机分为小型手动压片机及大型电动压片机（图2-52）。其压制原理一致，本节主要介绍电动压片机的使用方法。

压片机操作简单，只有一个大的旋钮开关来控制滚轮运转的启停。并且该开关可以旋向左右两个方向，分别控制滚轮的前进与倒退。压片机上方的圆形方向盘，用于调节两个滚轮的间距。每次下压一次，都应当旋动圆盘将滚轮间距调窄一点。

6. 压片机安全使用须知

① 重要警告。除非送压金属长度足够保持与滚轮的安全距离，否则，绝对禁止手持金属件直接送入滚轮，必须使用镊子夹送（图2-53），滚压中注意力要高度集中！

② 压片过程中如果出现意外情况，必须立即停机，视情况处理。例如：压制时，金属件前后厚度不一致，卡住滚轮，必须立即停机，将滚轮控制开关反方向旋转，令压片机滚轮反方向运动送出异物。

③ 不允许送入潮湿的金属材料进行压制。在金属压片过程中，需反复地退火、淬火，每次都要将金属材料擦拭干净后才能放入压片机的滚轮中。潮湿的水汽会使得滚轮产生锈迹，从而影响使用精度。

④ 逐次滚压。金属材料在

图2-53　压片时必须使用镊子夹送

图2-54　锻打成片

图2-55　压片完成

滚压过程中，一次性受到的压力太大，容易出现裂纹。所以，每次滚压都应该一小步一小步的收窄轮间距，逐步增大压力。

⑤ 如要利用压片机进行纹理压制，应该由2块金属片夹住纹理物进行，以保护压片机滚轮光面不受到待压纹理损害。

【训练任务】

将第四节配制的银焊药压制成0.3mm厚的薄片。

【训练目的】

掌握压片机的安全操作；掌握金属片薄片的压制方法。

【工具与材料】

银焊药块、压片机、镊子、游标卡尺。

【操作步骤】

① 将银焊药退火，锻打至片状（图2-54）。

② 用镊子夹住银焊药，轻轻放置在滚轮上；依据银焊药厚度，将上滚轮下调到轻轻接触银焊药即可。

③ 旋动开关，滚轮开始向前滚压，松开镊子。

④ 待银焊药全部通过滚轮后，旋关开关。

⑤ 用镊子取回银焊药，将银焊药翻转过来，重复上述步骤继续碾压。

⑥ 每个滚轮缝隙都应该碾压银焊药两次，并且每次碾压时都应当翻转一个面，并且横竖对调压制一次，这是为了保障金属块能够均匀受力变形。

⑦ 建议每经过一个滚压步骤都应当退火处理，以保持金属的柔韧，避免被压裂。

⑧ 将滚轮间隙逐渐缩小，反复碾压，直至压成0.3mm厚度的薄片（图2-55）。

【训练要求】

① “多退火、缓下调”，压制时经常退火，同时下调滚轮不要太多，距离太窄被压金属反而无法通过，即便强行通过也容易卡在滚轮内。

② 每次压制一定要横竖、正反对调。

③ 焊药一般压成片状方便使用。通常压成0.3mm左右，剪成小片备用。

7．方形压延

【训练任务】

将第四节配制出的930银块，压制成滚轮凹槽中最细的方形银条。

【训练目的】

掌握压片机的安全操作；掌握方形金属条的压制方法。

【工具与材料】

930银块、压片机、镊子。

【操作步骤】

① 银块退火，将其压制成3.0mm厚度的板材。

② 将该板材锯切成银条段（图2-56、图2-57）。

③ 用镊子夹住银条，轻轻放置在大小适合的凹槽中。

④ 依据银条厚度，将上滚轮下调到轻轻接触银条即可。

⑤ 旋动开关，滚轮开始向前滚压，松开镊子。

⑥ 待银条全部通过凹槽后，旋关开关。

⑦ 用镊子取回银条，正反面翻转，重复上述步骤继续碾压。

⑧ 每个凹槽都应该碾压两次，并且每次碾压时都应当翻转正反面一次，这是为了金属块能够均匀受力变形。

⑨ 每过完一格凹槽都应当退火处理，保持金属的柔韧，避免被压裂。

⑩ 将银条逐格碾压，每格碾压都将滚轮下调，直至压成最细的方形条（图2-58）。

【训练要求】

同"片形压延"。

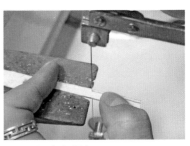

图2-56　锯切银条

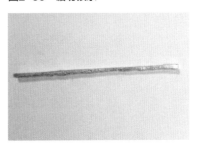

图2-57　银条段

二、线材

首饰制作中，有时会用到各种不同轮廓、粗细的线条，这些线条的制作就要靠拉线板来完成。拉线板的使用原理如下：金属线材在拖拽通过拉线板上的孔洞过程中，受到小于线材直径的孔口处巨大的向内挤压力量，每过一个孔洞就逐渐缩小并改变线材的外部形状，直到彻底变成孔洞造型与尺寸，并拉长了线材长度。拉线时，线板要

图2-58　逐格压制

固定在台钳上，保持拉线时受力稳定，要在孔洞正反两面点上少许机油作为润滑剂。

拉线板整体由精钢制成，孔洞处则多是由强度更大的钨钢制成，有些更高质量拉线板的拉线孔甚至由宝石制成。拉线孔呈漏斗造型，背面开口大，正面口小。孔洞造型有圆、方、三角、半圆、六边、月牙等形状。以最常用的圆形拉线板为例，有39孔（0.26～2.5mm）、36孔（0.26～2.2mm）、24孔（2.3～6.4mm）、22孔（2.5～6.4mm）等规格（图2-59）。

1. 圆线

圆线是制作首饰时最常用的线材。圆线的素材来源则是通过压片机压制出的方型线材。

【训练任务】

将方形细银条拉制成直径0.5mm的线材。

【训练目的】

掌握圆形线条拉制方法；掌握手动拉线方法。

【工具与材料】

平口老虎钳、圆孔拉线板、台钳、银方条。

【操作步骤】

① 将圆孔拉线板固定在台钳或是压片机自带的拉线板夹口上。拉线板正面选取直径适合的孔洞，依次向孔洞内点入少许机油；也可将拉线板平放于两个板凳上，双脚分别踩住拉线板两端，双手夹紧老虎钳，向上抽拔进行拔线操作（图2-60）。

② 将方形压延训练任务中压制出的方形银条一端锉细，成为尖锥状，长度约10mm。

③ 金属尖头从拉线板背面穿过适合的孔洞（图2-61）。

（a）方形拉线板

（b）六边形拉线板

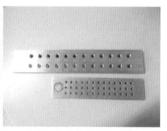

（c）多种规格圆形拉线板

图2-59　拉线板

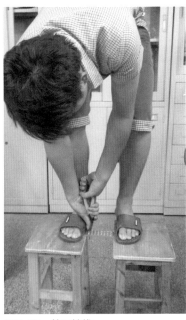

图2-60　简易拉线

图2-61　穿过适合孔洞

图2-62　拉圆线

④ 用老虎钳夹紧银条尖头，朝自己身体方向用力拉拽，使得线条全部垂直通过孔洞。用力应当连贯，保证力量的均匀。

⑤ 线材通过后才可以继续穿过下一个更小的孔洞，直至穿过0.5mm孔洞（图2-62）。

[训练要求]

① 线材每穿过两个孔洞就应该退火一次。退火时应当将细线盘起来过火。

② 保持孔洞的润滑状态。

由于圆线用量大，在实际生产中，往往使用电动压片机上自带的滚筒，利用压片机旋动力量完成拉线，或者是购置专用的拉线机以提高生产效率（图2-63）。

2. 方线

[训练任务]

将圆形铜线条拉制成方形铜线材。

[训练目的]

掌握方形线条拉制方法。

（a）夹紧线头

（b）开始拉动

（c）拉长

图2-63 拉线机拉线

图2-64 穿过适合方孔

【工具与材料】

平口老虎钳、方孔拉线板、台钳、圆形黄铜金属方线材。

【操作步骤】

① 将拉线板固定在台钳上；拉线板正面选取直径适合的孔洞，依次向孔洞内点入少许机油。

② 将金属条一端锉细，成为尖锥状。

③ 金属条尖头从反面穿过略小于圆线直径的方形孔洞（图2-64），用老虎钳夹紧金属尖头。

④ 朝自己身体方向用力拉拽，使得线条全部垂直通过孔洞。用力应当连贯，保证力量的均匀。观察圆线，这时圆形表面开始呈方的形状。

⑤ 线材通过后才可以继续穿过下一个更小的孔洞，进一步收缩拉伸，直至达到要求。

【训练要求】

① 线材每穿过两个孔洞就应该退火一次。

② 保持孔洞的润滑状态。

③ 退火时应当持火枪软火来回扫射状进行。

3. 半圆线

异型拉线板的售价较贵，在没有半圆形拉线板的情况下，可以通过一些拉线技巧来达到目的。

【训练任务】

将方形铜线材拉制成半圆形铜线材。

【训练目的】

掌握方形线条变半圆形线条的拉制方法。

【工具与材料】

平口老虎钳、圆形拉线板、台钳、方形黄铜金属方线条、熔焊机。

【操作步骤】

① 将圆孔拉线板固定在台钳上。拉线板正面选取直径适合的孔洞，依次向孔洞内点入少许机油。

② 将两条方形金属条合拢并列，端头处一起锉细，成为尖锥状（可能的话尽量将两条金属头焊接到一起）。

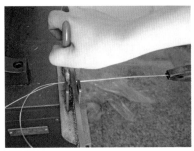

图2-65　用尖嘴钳辅助　　　　图2-66　拉线

③ 将金属尖头从反面穿过适合直径的圆孔，用老虎钳夹紧金属尖头；可以用另一把尖嘴钳夹紧两条方线，避免移位（图2-65）。

④ 朝自己身体方向用力拉拽，使线条全部垂直通过孔洞。用力应当连贯，保证力量的均匀（图2-66）。

⑤ 完成两根半圆形铜线拉制。

【训练要求】

① 保持孔洞的润滑状态。

② 由于同时通过两根线条，拉拽力量要大，一气呵成为佳。

4. 三角线

在没有三角形拉线板的情况下，可以通过一些技巧来达到目的。

【训练任务】

将半圆铜线条拉制成三角形铜线条。

【训练目的】

掌握半圆线变三角线条的拉制方法。

【材料与工具】

平口老虎钳、方孔拉线板、台钳、半圆形黄铜金属方线条。

【操作步骤】

① 将方孔拉线板固定在台钳上。拉线板正面选取直径适合的孔洞，依次向孔洞内点入少许机油。

② 将两条半圆形金属条平底面靠拢并列，端头处一起锉细，成为尖锥状；最佳方法应将两条金属头焊接到一起（图2-67），具体技法详见第三章第二节线线焊接练习。

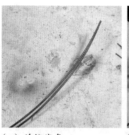
（a）并拢线条

（b）焊接端头

（c）焊接完毕

图2-67　线条焊接

图2-68　两条线同时穿过适合方孔

图2-69　用力拉拽

图2-70　尖嘴钳辅助

图2-71　三角线

③ 金属尖头从反面穿过适合直径的方孔，老虎钳夹紧金属尖头（图2-68）。

④ 朝自己身体方向用力拉拽，使得线条全部垂直通过孔洞。用力应当连贯，保证力量的均匀（图2-69、图2-70）。

⑤ 完成两根三角形铜线的拉制（图2-71）

【训练要求】

① 保持孔洞的润滑状态。

② 由于同时通过两根线条，拉拽力量要大，一气呵成为佳。

三、管材

其制作原理是将金属片放置于坑铁的半圆面内，通过敲击置于金属片上的圆形金属棒，使得金属片卷起。通过从大到小的半圆面多次敲击，使得金属片卷起并趋近管状，再将其拉经适合直径的圆形孔洞，合拢后通过焊接接口缝闭合形成管材。

【训练任务】

管材制作（外径5mm）。

【训练目的】

掌握管材制作的基本技法。

【工具与材料】

压片机、坑铁、拉线板、剪钳、铜片、戒指棒（铁质）等直径不一金属圆棒。

【操作步骤】

① 将铜片压薄至0.5mm厚。

② 在该金属片上锯切出长40mm、宽为16mm的矩形条；金属条两边锉修平齐直至宽度为15.7mm（管材要求直径为5mm，根据圆周率计算得出其周长约为15.7mm）。

③ 将金属片一端剪成锥状，尖头宽度约10mm（图2-72）。

④ 在坑铁上把金属条放入适合槽位。在上面放上一个小圆铁棒，用锤子敲打圆铁棒，使金属片弯曲贴合（图2-73）。

⑤ 将弯曲的金属片放入下一个更小的凹槽中，继续敲打弯曲，重复以上步骤直至金属片开始包裹圆形模具并闭合（图2-74至图2-76）。

⑥ 用锤子轻轻敲打使其闭合紧密，尖口处要完全卷紧。

⑦ 孔洞处滴入机油，将尖头通过拉线孔，逐级拉细，直至直径达到要求（图2-77、图2-78）。

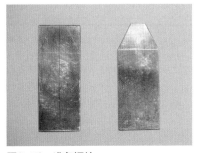

图2-72 准备铜片

图2-73 敲卷铜片

图2-74　逐级敲击闭合

图2-75　逐渐闭合

图2-76　闭合

图2-77　穿过适合孔洞拉制

图2-78　完成

03
PART

第三章
热加工技能

第一节　焊接

　　焊接是将两个及以上的金属材料永久性连接在一起的方法。首饰生产中，常用的焊接方式为传统的烧焊与现代加工技术的激光焊、电弧焊。按熔焊的原理可分为钎熔焊与自熔焊。

一、焊接方式及设备

1. 烧焊

　　烧焊是采用"皮老虎"、熔焊机等产生明火的设备，直接使用火焰加热金属工件进行焊接的传统焊接方式。其主要包括自熔焊与钎熔焊两种方法（图3-1）。

　　（1）自熔焊　自熔焊接的方式常用于足金、铂金等纯贵金属材料的生产中，而且这类金属材料的自熔性能良好，故而这种焊接无需用到焊药，保证了金属成色。其原理是通过加热两个待焊接部位的焊缝处，使其达到局部熔化状态，形成一个微熔液层，液体相互融合，当热源撤去，溶液冷凝形成焊缝，既达到母体级别的焊接强度，又符合了纯度不变的要求。这种焊接方法无需焊药的加入，避免由焊药导致的成色略有不足的问题——这些往往是引起消费纠纷的重要原因。故而足金首饰生产企业多采用这种无焊药的熔焊方式。

图3-1　烧焊

　　（2）钎熔焊　钎熔焊是采用比母材熔点低的金属焊药，将焊件和焊药加热到温度高于焊药熔点、但低于母材熔化温度之间。利用液态焊药填充接缝间隙，并与母材在分子级别上相互扩散，实现金属连接的方法。

2. 碰焊

　　首饰企业选用的碰焊机多是小功率直流电碰焊机型（图3-2）。这类机型价格较低，适宜的金属材质范围广，操作简便，生产效率较

图3-2　碰焊机

图3-3　碰焊准备

图3-4　碰焊瞬间

图3-5　儿童金锁扣位碰焊

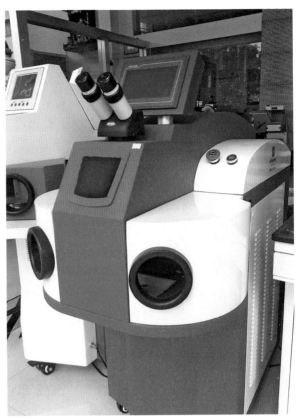

图3-6　激光焊接机

高。其最主要的用途就是焊圈，多用于制作项链、手链、耳钩、瓜子扣等需要圈圈相扣的部位；也可用于碰焊冲压出的扣件的扣位，如儿童金锁等（图3-3至图3-5）。

　　碰焊是首饰生产中常用的焊接方法。其最主要的作用就是焊圈，多用于焊接项链、手链、耳钩、瓜子扣等需要圈圈相扣的部位；也可用于碰焊冲压出的扣件的扣位，如儿童金锁等。碰焊机价格较低，操作简便，生产效率较高，适用范围广，所有贵金属、贵金属合金材料，如黄金、银、铂金、钯金、钛、不锈钢等都可以碰焊。

　　碰焊机的焊接原理，是利用焊接区本身的电阻热和大量塑性变形能量，使两个分离的金属原子之间接近到晶格距离形成金属键，在结合面上产生足够量的共同晶粒而得到焊点、焊缝或对接接头。在操作中，金属端口处瞬间局部高温，产生类似短路现象，会发出短暂耀眼光芒和"砰"的声音，故而操作者应佩戴墨镜保护视力。

碰焊操作流程如下：

① 调节参数，选择正确的电流大小及微调数据。按照需碰焊部位大小、材质等选择适合的工作流量。各个厂家碰焊机参数设置不一，碰焊前多做几次试验，确定针对各个需碰焊工件的具体工作参数。

② 右手持镊子，夹紧工件，左手捏紧工件进行辅助。工件待焊接部位靠近焊针。一般情况下线径1.0mm内的工件与碰焊针之间距离保持0.5~1mm，线径1.0mm以上的粗线圈需要保持1.0~2.0mm，否则容易出现粘连或毛刺。

焊镊要把焊缝紧密压拢。线径0.6mm以上的各类金属线圈，焊镊夹紧线圈两侧，施加压力使得线圈端口合拢后，单手碰焊即可；线径0.6mm以下的，由于线圈过细，压紧线圈两端易造成线圈变形，最好双手操作。一只手使用焊镊夹住线圈一侧，另一只手使用指甲轻推另一侧，合拢焊缝进行碰焊。

③ 稳定工件后，轻踩踏板，碰焊机开始工作，瞬间放出光芒，同时焊接完毕。

碰焊线圈常见问题见表3-1，碰焊针常见问题见表3-2。

表3-1　　　　　　　　　碰焊线圈常见问题

		出现问题	解决方法
1	焊接良好		
2	焊接不到位	端口没焊接上	将电流粗格调大1格
3	焊接不完整	焊接位没有完全焊透	将电流细格略调大
4	焊接不完整	焊接上，但是不完整有小缺陷，不光滑	检查工具线圈端头是否平齐，端头宜平不宜尖；电流细格略调大

续表

		出现问题	解决方法
5	焊缝变平	端头碰平	将电流粗格调小1格
6	过焊（较少连接）	端口连接上，但是有缺失	将电流细格调小
7	过焊（出现大缺口）	端口无法连上，缺口反较碰焊前大	将电流粗格调小
8	 焊接成珠	端口出现小缺口，且端头处成珠粒状	焊缝未合拢，碰焊时用指甲把焊缝合拢再碰。多发生在细线碰焊时，粗线较少发生此类现象；细线在碰焊时受热时易向两边张开，所以需要双手操作，闭合端口

表3-2 碰焊针常见问题

		出现问题	解决方法
1		针头尖锐，状态良好	针头需常用砂纸打磨尖锐，保持表面光滑
2		针头变脏发黑	用细砂纸磨除干净
3		针头出现毛刺	用砂纸打磨平齐
4		针头烧大变平	用砂纸磨掉烧结的硬块，再打磨平齐

3. 激光焊

激光焊是近10年来出现的新型焊接方式，具有焊接精准、连接强度高、生产速度快、废品率低等特点，被广泛地应用于现代首饰企业生产中（图3-6）。与传统的焊接技术相比，激光焊接具有焊接精准的优点。

（1）**速度快、强度高、变形小，焊接后无需矫形和清理** 首饰制造企业广泛采用激光焊接技术的最大原因就是其焊接速度快且变形小，焊接后不需矫形和清理。虽然操作者通常是手持或用夹具夹持工件，一次只能焊接一件，但相较传统烧焊，其速度与效率非常高。

（2）**定位精确适合焊接精密工件** 传统烧焊中，对已镶嵌有宝石的首饰进行修复是件非常麻烦的事情。既要烧焊，又要顾及贵重宝石的安全，往往费时费力。而采用激光焊接则方便多了，由于激光束聚集后可获得很小的光斑，焊接定位非常精准，即便是细小的镶爪，修复起来也不会伤及宝石。且热量集中于局部，工件不会产生退火效应，因而不会影响工件整体强度。

（3）**工件应用范围广、成色高** 采用传统的焊接技术时，一般要求金属材料厚0.2mm以上，否则非常容易烧熔金属；而使用激光焊接，金属材料可减薄到0.1mm厚，这对处理电铸类造型轻薄的产品尤为重要。激光焊接由于不存在多次烧焊的情况，故而在多重焊接时，不必使用不同熔点的焊药，保证了首饰的成色。

（4）**不足** 激光焊接对于焊接口较深的部位会出现难以处理的情况；对于焊接面积较大的缺口也难以弥补；而且整体上，激光焊接部位的焊接强度低于传统的烧焊强度。所以，在具体处理时需要有针对性地选用激光设备。

4. 激光焊接机的使用

① 依据不同的金属材料类型，在控制面版上选择恰当的脉冲电流、脉宽等数据。依据焊接缝隙大小调整光斑大小数据。

② 手持待焊接工件进入工作室内（图3-7、图3-8）。

③ 摆好两个工件的焊接位置。踩下开关踏板，首先采用中心点焊的方式，将工件连接到一起。

④ 使用焊药合金线（K金焊线、银焊线、铜焊线等），将激光击打到焊线上，熔融后填充焊接空隙。

⑤ 对焊接好的部位进行激光击打，使得焊缝平顺。

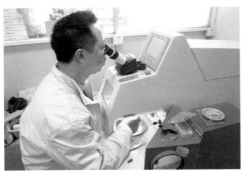

图3-7 焊接操作

图3-8 焊接室内操作

5. 激光焊接机操作安全须知

① 激光脉冲焊接时，注意力应高度集中，切勿将手伸入脉冲激光束下。一般情况下，首饰焊接机功率较低，一两个脉冲击打在手指上，仅会有短时不适感；若多次脉冲击打在同一个皮肤点上，会出现深度烧伤。

② 激光脉冲作用于金属工件时的多次冲击而产生的高热量会使工件发烫，可以用夹子夹住工件避免灼伤手指。

③ 激光束会使大多数金属材料产生二次放射现象，放射出的光主要是红外线和紫外线。所以在激光机操作时，禁止佩戴手表与戒指、手镯等金属首饰，以避免激光二次放射导致佩戴物升温灼伤皮肤。

二、焊剂

由于首饰饰品大多小巧精致，焊接处缝隙细小，焊药熔液难以均匀进入。而且大部分金属加热时会出现表层氧化现象（金属表面层变灰变黑），这个氧化层不仅影响焊药的流动，更会将金属表面和焊药隔离开来，易出现虚焊情况。而焊药成分中通常含有银、铜等易氧化金属，在高温加热的情况下，暴露在空气中的银极易氧化变黑，造成焊点与首饰制件主体颜色反差明显。在前人不懈地探索下，发现了硼砂在焊接中的重要作用。

1. 硼砂

硼砂属单斜晶系，主要产于干旱地区盐湖和干旱盐湖的蒸发沉淀物及淤泥中，常呈霜状产于土壤表面。硼砂燃烧时体积膨胀，火焰为黄色，易熔，熔后成为玻璃釉质物（图3-9）。

图3-9　硼砂

图3-10　焊粉

硼砂在焊接中能够起到良好的助焊作用——当蘸有硼砂（或其溶液）的首饰工件（或焊药）进入高温火焰后，硼砂首先发生脱水反应[1]，然后开始熔融。熔融态的硼砂均匀流到焊缝处的金属表面，形成薄层。在持续高温下，焊药熔化，焊药熔滴在硼砂形成的热桥引导下，均匀地流到焊缝各处。同时熔融的硼砂液也形成一个隔离层，将金属焊接部位与空气隔离开来，有利于保障焊接部位的牢固程度。

2. 焊粉

焊粉主要由复合氟硼酸盐、复合硼酸盐、活性剂、水等构成（图3-10），适用于550～850℃温度范围内配合银或铜焊料对银基、铜及铜合金、钢及不锈钢、硬质合金等焊接使用，能够有效地、更快地溶解金属表面的氧化物，促进焊料的流动分布。而且此类焊粉加热熔融后流动性能好，不会出现体积膨胀现象。

使用时，将焊粉用纯净水调成糊状后涂于工件焊口处，或先将料加热后粘着焊粉使用，焊缝间隙不得过大。一般在0.01～0.05mm。焊接时宜用中性焰，操作时应尽量避免火焰直接加热焊料和焊剂。

3. 焊剂的形式

无论选用硼砂还是焊粉，焊剂的形式是灵活多变的：

（1）**粉状**　直接使用硼砂与焊粉的原始形态。

（2）**液状**　将硼砂溶于沸水中，制成硼砂饱和溶液使用。

（3）**糊状**　将焊粉和少量水混合制成稀糊状使用。

---

[1] 硼砂的脱水特性使得出现了一个焊接时不好把握的情况——膨胀的硼砂会顶歪工件，需要在其脱水缩小后，用镊子将工件重新调整对正位置。

4．焊药流向

焊接时，焊药的流向有以下两个特点[①]：

（1）达到熔点时，焊药向有焊剂的地方流动；

（2）达到熔点时，焊药向温度高的地方流动。

三、稀酸配制

金属在加工过程中不可避免地产生氧化以及硼砂粘在表面的现象，所以在每道热加工工序完毕后，都应当将金属工件浸泡在稀酸中，以去除硼砂及氧化层。较为常用的稀酸种类有明矾液、稀硫酸液、醋酸盐液、柠檬汁等。

1．明矾液配制

明矾〔$KAl(SO_4)_2 \cdot 12H_2O$〕（图3-11），晶状体，无色透明，具有玻璃光泽，具备去污净化能力。通常将60～90g的明矾加入到500mL水中配制成溶液。明矾溶液可以很好地溶解铜、银等金属氧化物，是一种适用面广的清洗用剂。明矾与金属的反应速度较慢，一般要通过加热明矾溶液的方式加速反应。同时，它是一种安全的稀酸溶剂，对人体皮肤无毒无害。

图3-11 明矾

2．稀硫酸配制

硫酸（H_2SO_4），无色油状液态，呈黏稠状。易溶于水，遇水会释放出大量的热能。所以稀释时必须将浓硫酸缓慢倒入水中，而不能将水倒入浓硫酸中，否则瞬间释放出的大量热量容易出现酸液喷溅的现象。浓硫酸属于化学性质活跃的二元无机强酸，能使木材、纺织物、皮革、皮肤等碳水化合物脱水碳化，是一种有着强氧化性和腐蚀性的危险品，属于国家规定的管制化学用品。

稀硫酸是首饰制作中常用的清洗剂。由于硫酸的强氧化性，其清洗金属时的反应速度也是所有酸中最快的——尤其是在其处于高

---

① 焊接时要把握焊药的这两个流动特性，可以用火力加以引导，将熔融的焊药引入到需要的地方。

图3-12　配酸安全装备

图3-13　量酸

图3-14　酸入水并搅拌均匀

温时（沸腾前）。其配制必须在具备安全防护措施及通风良好的场地中进行。

【训练任务】

安全配制符合比例要求的550mL稀硫酸。

【训练目的】

掌握稀硫酸的安全配制方法。

【工具与材料】

浓硫酸、水、玻璃量杯、玻璃棒（塑料棒）、塑料围裙、橡胶手套、护目镜、过滤防护口罩、碳酸氢钠。

【场地要求】

配制点旁边就是水池，并处于通风良好的窗户位置为佳，最好安装抽风设备。

【操作步骤】

（1）戴好护目镜、口罩、手套及围裙（图3-12）。启动抽风机，将碳酸氢钠溶解制成苏打水备用。

（2）硫酸的稀释要牢记"酸入水"原则。浓硫酸应当向水中缓缓加入，这样释放出的热量安全可控。而不是向酸内加水——水一旦快速进入浓硫酸，会释放出大量的热量，导致酸液飞溅，这是十分危险的。

（3）首饰清洗用稀硫酸的配制为：浓硫酸：水=1∶10；先在玻璃量杯内加入500mL清水（图3-13），再对着抽风机打开硫酸瓶瓶盖，慢慢将硫酸瓶倾斜，沿着玻璃壁向量杯内倒出约50mL浓硫酸。用玻璃棒（塑料棒）缓慢搅拌溶液，使得酸与水充分融合，且均匀释放热量（图3-14）。

（4）盖紧瓶盖，最好将硫酸瓶放置在水龙头下，用水冲洗清洗干净瓶口残留的硫酸。

【安全用酸重要须知】

① 所有浓酸都是危险品，一定要牢记稀释方法步骤，小心对待。浓酸不用时，一定要存放在安全的地方，使用封闭良好的玻璃器皿盛装，最好有专人负责保管。

② 即使是稀释后的酸，也应当放置在通风良好的地方。

③ 如果万一浓酸溅到皮肤上或者其他物体的表面，第一时间用大量的冷水冲洗。

④ 预先将碳酸氢钠溶于水备用。一旦出现酸液飞溅，先用大量冷水冲洗后，可以用碳酸氢钠溶液进一步擦拭进行中和。

⑤ 酸洗时，禁止将灼热的金属直接放入稀硫酸中，否则容易导致酸液外溅，同时淬火时的水蒸气会携带稀酸，挥发出刺激性气体。

⑥ 金属放入与取出都应当使用不锈钢镊子。禁止使用铁质镊子或捆绑工件的铁丝进入稀酸。金属铁不能直接浸入稀酸，否则铁与工件及硫酸产生置换反应，导致工件上镀上一层薄薄的红色铜，污染工件也污染了剩余的稀酸液，所以焊接时用于辅助的捆绑铁丝在酸洗前一定要解除掉。

⑦ 不宜长时间酸洗。金属在稀酸内洗干净后要及时取出，停留时间太长会导致金属被腐蚀。

⑧ 酸洗完毕后，要用水冲洗干净，避免残留稀酸继续腐蚀金属以及影响焊接。

3. 醋酸盐配制

将30g盐加入到300mL白醋中制成醋酸盐液。该溶液可用来清洗铜氧化层。但是，该液酸性较弱，与金属反应较慢，需要更长的反应时间。

四、烧焊步骤

（1）**焊接顺序**　焊接前要分析焊接部件所需的焊接次数，并正确选用焊药。如果工件仅需一次焊接，最好选择高温焊药一次完成。毕竟高温焊药色泽接近主材料色泽，而且对纯度的影响也最低。如果需要多次焊接，就要依据高、中、低温的顺序来选择焊药先后使用。

（2）**清洁金属**　焊接前，一定要酸洗并清洁干净焊接金属及焊药表面。

（3）**对紧焊接位**　将金属件放置在焊板上，焊接的部位要对准、对紧。

（4）**涂抹焊剂**　点取适量焊剂，放置或涂抹到要焊接的金属面及焊药上。

（5）**放入焊药** 目测焊接位置所需焊药量，剪取适量小片焊药放在焊接口处。

（6）**焊接** 加热金属及焊药，待焊药熔化流入填满金属缝隙间即可。

五、控火训练

【训练任务一】

烧熔金属片及线材。

【训练目的】

练习火力的把控与观察金属加热后到熔化前的颜色、光亮度变化，做到正式焊接时能准确把握住火力。

【工具与材料】

厚度0.4mm铜片、熔焊机、焊板、长镊。

【操作步骤】

① 将铜片放在焊板上。焊枪火焰调为蓝色硬火，使用外焰灼烧铜片。

② 不断加温使得铜片颜色由暗红转为桃红。感受并记录这一过程中火力大小与颜色光亮度的对应变化。

图3-15 控制火力

③ 继续加温，并集中火力加热铜片一边端口，使得端口处铜块亮度不断增加，由桃红变为亮红，再变为白亮色发出明亮光芒——铜片端口开始熔化，撤枪。记录下熔融前铜片色泽和亮度。

④ 不断加温铜片另外一端，把控好火力大小、远近。对其略微升温、降温，使其始终停留在桃红色到熔融前的亮红色状态间的微妙平衡中。学会及时抬枪以避免烧熔金属（图3-15）。

【训练任务二】

花芯制作。

【训练目的】

练习火力的精准把控。

【工具与材料】

直径0.5mm铜线、硼砂、熔焊机、焊板、长镊。

图3-16 烧熔出金属液体小球

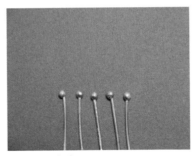

图3-17 完成

【操作步骤】

① 铜线上蘸些硼砂水，用镊子夹住与火枪口垂直。

② 用火焰加热铜线末端。

③ 当铜线末端开始发亮并向上弯曲收缩时，说明到达金属熔点——金属溶液会形成小球状。继续加热，当溶液球开始向上移动时，立即撤枪停止加热（图3-16）。

④ 将铜线淬火并酸洗备用（图3-17）。

六、烧焊技巧

好的烧焊接技巧能令焊接变得轻松如意，事半功倍。下面是一些烧焊中效果较好的方法，仅供参考。

1. 焊剂形式

将硼砂或焊粉熔于水或是调制成糊状，使焊剂渗入到焊缝深处。

2. 焊药形式

（1）**粉状焊药**　有时为了放置焊药的方便与准确，可以将焊药锉磨成粉状，浸泡在硼砂水中，或者直接购买银焊粉使用（图3-18）。

（2）**线、片焊药**　线形或片形焊药应在对火力的把控比较精准自如，具有丰富焊接经验的基础情况下使用：首先加热整个首饰部件，并提升焊口处温度至焊接温度时，将焊线（片）迅速点到焊口缝隙处，在火力的继续加热下，焊线会立刻化开，及时撤离焊线（片）即可（图3-19）。

（a）银焊药锉屑　　　　　　　　　（b）银焊粉

图3-18　粉状焊药

（a）银焊片　　　　　　　　　　　（b）银焊枝

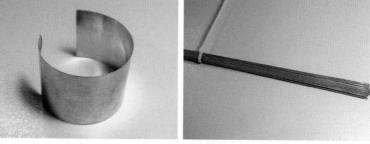

（c）铜焊枝　　　　　　　　　　　（d）点焊片

图3-19　线、片焊药

3. 焊药位置

焊接部件在焊板上放稳后，依据焊缝长短大小，将焊药剪取小片或多片，间隔放置在焊口处。当所要焊接的部件表面有纹饰时，焊药要放置在焊口背面，从背面进行焊接，以避免流出的焊药遮盖住外面的纹饰。比如一个正面饰有花纹的戒指，焊药就应该放置在戒指内圈的光金面处（图3-20）。

4. 整体与局部

焊接效率最高的方法并不是大火对着焊缝焊药猛喷，这样实则

图3-20 焊药置于戒指内部光金位置

图3-21 整体加热

图3-22 葫芦夹夹牢工件

图3-23 沙埋法

效率不高。因为金属的导热能力强，火力会从焊接处传递到其他部位，反而降低了焊接处的温度。所以，高效率的焊接应该是首先均匀加热整个金属件（图3-21），让整体的温度提升，再均匀加热焊口处，再用大火对准焊缝焊药定点加热。换而言之，焊药实际受到了工件与火焰的双重温度作用，反而事半功倍。

5. 铁丝网与炭板

焊板上可以放置一块铁丝网，将铁丝网两端弯曲，制成一个铁丝架，待焊接工件置于架上，便于火焰直接灼烧正、底部，并有利于整体温度的迅速提升。也可以采用一块平整的木炭来替代焊板，利用木炭的热能保持加温的温度，对提升首饰整体的焊接温度有很大的帮助。

6. 焊接件摆平

① 焊接前，焊接部位应当锉修处理得严丝合缝。

② 如两个焊接部件很难准确摆放在一起，可以用葫芦夹夹紧，或是用铁丝将部件绑紧（图3-22）。

③ 可以将坩埚内装满沙砾，将待焊接物体埋置其中，借此固定住造型（图3-23）。

④ 如果两个焊接部件很难同时在焊板上平放，可以放平一个，另外一个用镊子夹住，悬空焊接。可以先在平放的部件焊接处烧熔焊剂与焊药，另外一部件焊口处蘸取焊剂。夹住另一部件悬空靠近平放件，同时加热两个工件，当焊接处达到焊接温度，待焊药成为液态时，迅速将悬空部件贴入熔融焊药，撤枪完成焊接。

图3-24　摆坯法

⑤ 如果焊口多且密集又不易同时摆放，可以采用其他辅助材料固定各个焊接口，再进行焊接，也称摆坯法（图3-24），详见本章第四节四爪镶口。

7. 焊药不化的处理方法

温度已经足够高，但是焊药就是不化。初学者最易出现这种"消化不良"的情况。由于对温度的掌握不熟练，容易反复在焊接处长时间加温——会使金属表面的氧化层不断加厚（要么就是金属焊接前没有清洁，金属表面被污垢层覆盖），这些氧化层和污垢层在烈火中难以仔细察觉，所以感觉火力足够却迟迟不见反应——出现这种情况时无论你怎么加大火力都无济于事。必须将金属重新酸洗，去除氧化层和污垢层再进行焊接。

8. 小接大

当要将小部件焊接到大部件上时，比如胸针背后的搭扣、耳针的针等一些小物件，一般先将焊药烧熔到大部件的焊接位置上，待焊药熔融，立刻将沾有焊剂的小部件贴入焊药中。注意，加热时不能同时加热两个部件。由于部件小，加热后很快就会发红。前文说过，焊药会流向温度高的地方——同时加热的情况下，小部件温度一定会高于大部件，容易使得焊药大部分引入到小部件上，以至于焊口处失去了过多的焊药，致使焊接失败。而且在掌控不好的情况下，过多的焊剂附着在小部件表面，严重的会将小部件的造型湮没掉。所以，应该主要加热大部件，让焊药在大部件焊接处保持熔融状态；当准备将小部件贴近的时候，再让小部件在火焰中迅速提升到焊接温度——即刚刚开始变红时，立即贴入焊药中，保持小部件的稳定，同时撤枪完成焊接。

9. 大连大

当要将大块的部件与大块的主体或是其他大部件相连时，可以先加热大块部件，将焊药熔融布满整个大面积焊接口。冷却后，将该部件放置在需焊接处，绑紧固定牢固。大火整体加热两大块金属，使热量均匀地传递在整个大工件内，保持必要的温度。当到达焊药熔融温度时，焊药会流出焊缝，这时可以用镊子轻轻下压部件，尽量挤出多余的焊药，当焊药布满整个焊缝后，撤枪。

10. 焊接与宝石

首饰的宝石镶嵌通常是最后几道工序，一般在烧焊之前。若要对已镶嵌好的首饰进行焊接处理，为了避免高温对宝石的影响，能拆下的宝石尽量拆下再进行烧焊。目前，随着蜡镶技术[①]的成熟与广泛应用，越来越多的镶嵌首饰浇铸出来后才需要焊接工序，而上面的宝石又是无法拆下的，这种情况建议采用激光点焊的方式进行焊接。

如果不具备激光点焊的条件，某些种类的宝石还是可以承受一定的高温，如果在不具备激光点焊的条件下，就要用烧焊的方式来谨慎处理，如钻石、优质人造立方氧化锆、人造红宝石、蓝宝石等可以烧至变红而不会爆裂或是褪色。烧焊前，用乙醇将硼酸[②]溶化，把硼酸液涂抹在宝石上面，焊接时尽量小心避免火焰直射在宝石上，完成焊接后一定要等温度自然冷却。还可以使用少量硼酸溶入开水中，冷却后加入适量铸粉[③]调成糊状覆盖于宝石表面，形成隔热层，尽量降低热量的传递（这种方法也同样适用于焊点密集的情况下，用以隔离周边的焊点，参见本章第四节面种爪）。

第二节　线线焊接练习

从本节起，正式进入各项焊接技能训练。焊接时，一般左手持枪，右手持镊子，右脚踩踏风球（皮老虎），需要眼、手、脚配合

[①] 蜡镶是一种将宝石预先镶嵌在蜡模中的技术；详见《首饰雕蜡技法》，中国轻工业出版社出版。

[②] 硼酸，为白色粉末状结晶或三斜轴面鳞片状光泽结晶，溶于水、酒精。可以改善玻璃制品的耐热、透明性能。

[③] 铸粉，首饰铸造专用石膏粉。

操作。而焊接是否牢固，用稀酸来进行检验。前文已述，焊接时要使用焊剂，焊剂熔融后形成的隔离层是一种釉质。有时焊接看似牢固，实则是这种釉质层粘住焊接部件形成的"虚焊"，一旦使用稀酸清洁后釉层溶解，焊接部件就会分离。所以焊接完成后一定要用稀酸清洗工件，一方面稀酸会清洗掉金属表面的氧化层，还原金属的本来面目；另一方面检验是否存在虚焊的情况。

一、线线点焊

【训练任务】
将铜线条进行线线相交的焊接练习（图3-25）。

【训练目的】
① 了解和掌握"皮老虎"与焊接工具的使用方法。
② 掌握铜焊药、硼砂的使用方法。
③ 掌握简单"线线"的点焊接技术。

【工具与材料】
皮老虎、焊枪、焊板、剪钳、长镊子、铁锤、四方铁砧、剪钳、铜线、铜焊线、硼砂、明矾液。

【操作步骤】
① 准备6条长60.0mm、直径1.0mm的铜线；直径0.6mm铜线剪断成23.0mm长的铜线15段。将铜线用明矾水煮约2min，处理干净表面（图3-26）。
② 将铜焊线剪成2.0mm左右的小段，放在焊板上备用。
③ 将长铜线分别平放在焊板上，进行框架焊接。左手持枪，右手持镊子。点火后，踩踏风球，产生蓝色细长火焰。将焊药段

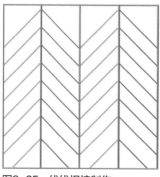

图3-25　线线焊接制作

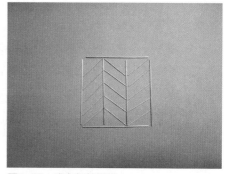

图3-26　准备好的铜线

图3-27 烧红焊接位置周边

图3-28 焊接框架

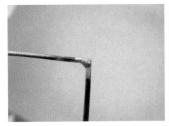
（a）边框焊接头

（b）中段焊接头

（c）焊接内部线段

图3-29 框架焊点细节

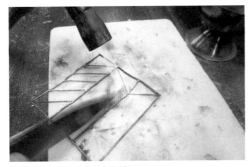
图3-30 逐一焊接内部线段

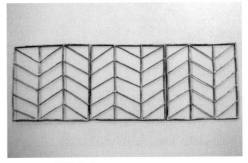
图3-31 制作完成

烧熔成小珠粒，用长镊子尖粘起后，利用焊药珠的热量蘸上少许硼砂。

④ 用火将焊接部位及周边烧红，将焊药放置在焊接处，加大火力，待焊药熔化即可收火（图3-27、图3-28）。

⑤ 分别将框架所需焊接处焊接牢固（图3-29）。

⑥ 将直径0.6mm铜线分别按照示意图的位置夹在框架中，按照步骤③、④逐一焊接完毕（图3-30）。

⑦ 全部焊接完成后，将整个造型放在沸腾状态下的明矾液中煮约3min（图3-31）。

图3-32　焊接组合

图3-33　焊接完成

【训练要求】

①所有的铜线段位置准确，高度处于同一个平面内。

②掌握好焊接火候，避免火力过大使铜线熔化。

③焊接后面部位时，控制好火力，不能将前面已焊接好的部位烧开。

④明矾水煮沸处理后，检查所有铜线均应焊接牢固。

二、线线移位

【训练任务一】

使用铜线焊接组合成数字"8"。

【训练目的】

①了解和掌握焊接机器与工具的使用方法。

②掌握焊药、硼砂的使用方法。

③掌握"线线"焊接技巧。

④掌握焊接中的物件撤离技巧。

【工具与材料】

熔焊机、焊枪、焊板、剪钳、锉、直径1.0mm铜线、铜焊药、硼砂、明矾。

【操作步骤】

①剪取20.0mm长铜线若干，用锉将线段两头锉修平整，用明矾水清洗干净备用。

②分别将各铜线条焊接成10个"8"字形。注意，选用适量焊药，焊接后，接头处应圆滑，不能露出线段头（图3-32）。

③焊接完成（图3-33）。

【训练要求】

①所有的线段在一个平面内，造型规矩。

②掌握好焊接火候，不能将已焊接好的部位烧开，更要避免火力过大使铜线熔化。

③明矾水煮沸处理后，检查所有铜线均应焊接牢固。

（a）熔融焊药　　　　　　　　（b）移动位置　　　　　　　　（c）控制焊液位置

图3-34　移动线条

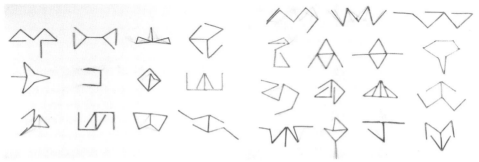

（a）变化造型1　　　　　　　　　　　　　　　（b）变化造型2

图3-35　各种变化造型

【训练任务二】

数字造型的变化练习。

【训练目的】

① 掌握火力与焊药熔融状态的关系。

② 掌握焊药熔液中物件移位技巧。

【工具与材料】

熔焊机、焊枪、焊板、剪钳、锉、直径1.0mm铜线、铜焊药、硼砂、明矾。

【操作步骤】

① 将训练任务一的10个数字进行变化前的设计。

② 调成细长火焰，加热焊接处，待焊药熔化时，迅速夹紧线段移动到预定位置（图3-34）。

该操作中的注意事项：

a．移动应该在熔融状态的焊药液中进行。

b．要稳定火力，保持焊药的熔融状态。

c．要固定住加热区域，控制好高温范围，不能让焊液被周围高温吸引走。

③ 逐一将各个数字造型通过移位，变为新的各种造型（图3-35）。

① 所有的线段可在一个平面内或是形成立体结构，造型规矩。

② 掌握好焊接火候，不能将已焊接好的部位烧开，更要避免火力过大使铜线熔化。

③ 明矾水煮沸处理后，检查所有铜线均应焊接牢固。

三、补焊

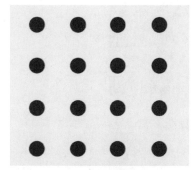

图3-36　补焊位置示意图

图3-37　画线

图3-38　麻花钻定位

当焊接位置无法对齐至严丝合缝时，一个小的缺口就需要用略多于缺口体积的焊药，用补焊的方式去填补满。

【训练任务】

缺口补入焊药。

【训练目的】

① 进一步掌握火力。

② 掌握小型缺口（直径约1.0mm）焊药补缺方法。

③ 把握焊药用量。

【工具与材料】

熔焊机、焊枪、焊板、吊机、1.0mm麻花钻、1.5mm波针、1.0mm厚铜片、铜焊药、硼砂、明矾液。

【操作步骤】

① 补焊位置如图3-36所示。取一规格为25.0mm×25.0mm×1.0mm铜片，用游标卡尺画出标线（图3-37）。

② 使用麻花钻在标线交点处钻出小孔，不要钻透（图3-38）。

③ 用波针将各小孔扩大至1.5mm（图3-39、图3-40）。

④ 在浅坑处涂抹上硼砂浆，将焊药放置在坑上（图3-41）。

⑤ 火枪置于铜片背面，整体加热将铜片烧

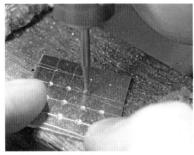

图3-39　波针扩口

图3-40　扩坑完成

图3-41　配制焊药与硼砂

图3-42　加温

图3-43　焊药熔化

红，让焊药熔化填满浅坑（图3-42、图3-43）。

　　⑥ 全部焊接完成后，铜片置于沸腾状态下的明矾水中煮约3min。

　　【训练要求】

　　① 剪取适量焊药，保障每个坑位呈填满的状态。

　　② 焊接后面部位时，控制好火力，不能将前面已焊接好的部位烧开。

（a）织链机　　　　　　　　　　　（b）编织链条并焊接

图3-44　织链机制作

（a）扭链机　　　　　　　　　　　（b）扭链中

图3-45　扭链机制作

第三节　线线焊接制作

本节中，主要通过单圈项链及线构成吊坠的制作，对上一节的线线焊接技法进行巩固及提高。

目前市面上出售的各类款型项链编织复杂、造型精致。这类款式都是由各类制链机自动编织、焊接完成的（图3-44、图3-45）。自动制链机加工速度快、质量好，只要编程调试到位，能生产的款式也很丰富；不过设备售价较高，设备复杂，调试、维护比较麻烦，对生产企业技术要求高。也有部分企业采用人工加工的方式，一般只是在已有的链节上进行扣链、焊接以及配扣等环节的操作。

一、单圈项链

【训练任务一】

单圈铜项链制作。

【训练目的】

进一步熟练点焊技术，学习简单的单圈铜项链的制作方法。

【工具与材料】

熔焊机、焊枪、焊板、剪钳、焊夹、拉线板、锯弓、扣链镊子、直径2.0mm铁棒、铜线、铜焊药、硼砂、明矾。

【操作步骤】

① 把铜线拉成直径为0.5mm的铜丝。

② 将铜丝环环贴近，紧密缠绕在2.0mm直径铁棒上（图3-46）。

③ 握住螺旋状铜丝，每次退下一两个环，逐个锯切下来（图3-47）。

④ 双手各用一把平头剪钳，也可以使用专用的扣链镊子（图3-48）。这种镊子脊背厚实，钳夹有力。夹住圆环的两侧，将错开的两端相对扭齐，逐一将圆环环环相扣，成为链条（图3-49）。

图3-46 缠线

图3-47 锯环

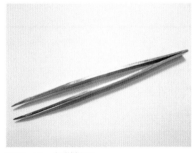

图3-48 扣链镊子

图3-49 扣链

图3-50 焊圈

图3-51 煮沸明矾水

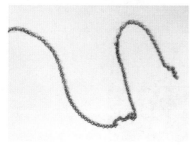

图3-52 制作完成

⑤ 将链条浸入硼砂水中数分钟。

⑥ 将焊药烧熔成小球状，加热镊子，使小球粘到镊子尖端，点取少许硼砂。加热圆环，将焊药送至焊口，继续加热直至焊药熔化流满焊口，撤枪（图3-50）。

⑦ 逐一焊接完毕后，在项链一端焊接上一个稍大的圆环；再用铜线绕制一个"S"形线段，将一头烧圆，另一头焊接到项链最后一个圈上，作为搭扣使用。

⑧ 整条链条在沸腾状态下的明矾水中煮约3min，捞起后冲洗干净晾干（图3-51、图3-52）。

【注意事项】

① 所有圆环焊接均匀，不能出现虚焊、死焊（环与环焊接起来）的情况。假如出现死焊，可以烧熔该部位焊药，轻轻抖动链条即可将两环脱离。

② 掌握好焊接火候，避免火力过大使铜丝熔化。

③ 保证每个接口均被焊药填满，不少不多，焊药匀称。

④ 焊接后面部位时，控制好火力，不能将前面已焊接好的部位烧开或造成环环相连。

⑤ 若是黄金、铂金、银等贵金属圈环焊接时，同样加热焊接端口，掌握好火力，待端口一出现熔融状态即可撤枪，令其自熔接在一起。

⑥ 明矾水煮沸处理后，检查所有铜环均应焊接牢固。

【训练任务二】
扁链制作。
【训练目的】
① 学习碰焊机的操作。
② 学习简单的扁形链条的制作方法。
【工具与材料】
碰焊机、台钳、平头钳、尖嘴钳、胶锤、铁

砧、压片机、直径1.2mm铜线。

【操作步骤】

① 使用碰焊机将各小圈依次碰焊完成（图3-53）。

② 将链条一端夹紧固定在台钳上；另一端用平头钳夹住，拉紧拉直项链（图3-54）。

③ 360°旋转平头钳，使得项链扭曲。力量不要太大，避免圈环变形。

④ 绷紧绷直项链，另一人用尖嘴钳逐一将两个圈环的扭折位置夹正，逐个将整条链条初步变平（图3-55）。

⑤ 将链条平摊在铁砧上，用胶锤轻轻地将所有圈环拍平，整条链条拍顺。

⑥ 链条一端绑上绳子；调节好压片机间隙，略略夹紧链条即可。

⑦ 一端拉紧绳子，另一端拉紧链条尾端，令链条在绷紧绷直状态下通过压片机滚压筒（图3-56至图3-58）。

图3-53 逐一碰焊各圈

图3-54 绷紧链条

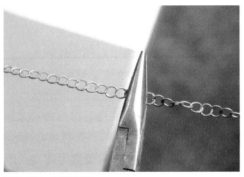

图3-55 平整链条

图3-56 拖拽入机

图3-57　稍稍下压

图3-58　压制完成

⑧ 项链一端焊接上一个稍大的圆环；再用铜线绕制一个"S"形线段，将一头烧圆，另一头焊接到项链最后一个圈上，作为搭扣使用。

二、线构成吊坠

【训练任务】

线构成吊坠制作。

【训练目的】

掌握细线与粗线的焊接技巧。

【工具与材料】

直径0.8mm铜线、厚1.5mm铜片、铜焊药、锯弓、拷贝纸、明矾、砂纸锥。

【操作步骤】

① 将设计图复制到拷贝纸上（图3-59）。

② 用固体胶将拷贝纸粘贴在铜片上（图3-60）。

③ 沿外边缘线锯切出造型（图3-61）。

④ 在设计图内缘线内侧钻孔（图3-62）。

⑤ 依据设计将造型内部锯切镂空（图3-63）。

⑥ 锯切完成（图3-64）。

⑦ 锯切出帽子造型（图3-65）。

⑧ 将造型锉修工整，并将边缘倒圆顺（图3-66、图3-67）。

⑨ 依据设计图，布置好铜线的走向与位置，逐一将铜线两端焊接在造型中；再将帽子造型与人物造型焊接在一起；（图3-68至图3-70）

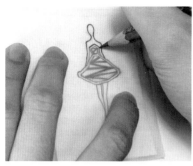

图3-59　拷贝设计图

图3-60　拷贝纸贴上铜片

图3-61　锯切造型

图3-62　在内缘线内侧钻孔

图3-63　锯切镂空

图3-64　锯切完成

图3-65　锯切出帽子造型

图3-66　锉修工整

图3-67 倒圆顺边缘

图3-68 布置铜线图

图3-69 焊接内部线条

图3-70 焊接组合帽子造型

图3-71 弯曲出瓜子扣造型

图3-72 扣入帽子造型顶端

图3-73 焊接闭合瓜子扣

图3-74　执模光顺

图3-75　小黄布轮抛光

⑩ 将一个橄榄形铜片对折弯曲，套进帽子造型后，焊接封口制成瓜子扣（图3-71至图3-73）。

⑪ 明矾水煮沸处理后，用砂纸锥等工具将造型执模光顺（图3-74）。

⑫ 将小黄布轮安装在小吊机上进行抛光（图3-75），具体抛光技法详见第四章第三节打磨抛光。

⑬ 造型完成（图3-76）。

图3-76　造型完成

图3-77　蘸点硼砂

图3-78　加热铜片

图3-79　插入铜线

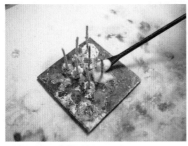

图3-80　盖住焊点

第四节　线面焊接练习

一、面种爪

【训练任务】

将铜线垂直焊接在铜片上。

【训练目的】

① 练习线面焊接技法，为后期爪镶口制作做准备。

② 掌握使用铸粉隔离焊点方法。

【工具与材料】

熔焊机、焊枪、焊板、剪钳、焊夹、拉线板、锯弓、直径0.5mm铜丝、本章第二节补焊练习作业、铜焊药、硼砂（加少许水调成水硼砂混合状）、明矾液、首饰铸造粉。

【操作步骤】

① 取补焊练习作业，过明矾水并清洗干净。

② 将铜丝剪成10mm长的线段16段，夹起其中一段，稍微加热，点上少许硼砂（图3-77）。

③ 加热铜片，当焊药开始熔融时，夹住铜丝进入火焰中一起加热变红（注意观察铜丝，及时撤火，避免铜丝过热熔化）；当焊药完全熔融后，迅速将红热状态的铜丝垂直插入焊药熔液中（图3-78、图3-79），保持铜丝稳定，撤离焊枪。明矾水沸煮清理去除氧化层。

④ 准备少许水，加入适量铸粉，调成糊状（铸粉在10min内就会凝固，所以随用随调）。每焊接完一根铜丝，挑取少量铸粉糊盖住焊口隔离保护，避免焊接下一个铜丝时火力直接影响该焊点（图3-80）。

⑤ 逐一焊接剩余铜丝（图3-81）。

⑥ 明矾水沸煮清理。

① 所有爪焊接要均匀、牢固，不能出现虚焊、死焊的情况。

② 掌握好焊接火候，避免火力过大使铜丝熔化。

③ 保证每个焊点均被焊药填满。

④ 焊接后面部位时，控制好火力，不能将前面已焊接好的部位烧开。

⑤ 保证焊接牢固。

图3-81 焊接铜丝

二、四爪镶口

四爪镶口制作。

① 练习线面焊接技法，掌握爪镶镶口的焊接方法。

② 掌握焊接摆坯方法。

熔焊机、焊枪、焊板、剪钳、焊夹、拉线板、锯弓、游标卡尺、直径1.0mm铜丝、铜焊药、硼砂（加少许水调成水硼砂混合状）、明矾液、橡皮泥、502胶水、首饰铸粉。

图3-82 封闭铜管

① 将第二章第五节管材制作中拉制出的铜管接口处涂抹上硼砂水，分段放上小段焊药。

② 加热整条铜管，焊接闭合铜管接缝（图3-82）。

③ 明矾清洗后，锯切下2.5mm高铜管段1条，并剪出4.0mm长铜线4条。

④ 铜线垂直于铜管外壁，底端与铜管底部平齐，使用502胶水分别对称粘接4条铜线，形成4爪镶口造型（图3-83）。

图3-83 502胶水粘接

⑤ 镶口底部朝下，压入橡皮泥中，铜管上端口平齐橡皮泥即可（图3-84）。

⑥ 调少量铸粉浆，倒在橡皮泥上，封住镶

图3-84 压入橡皮泥

图3-85 覆盖铸粉浆

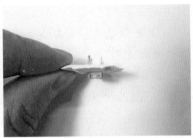

图3-86 凝固后取出

图3-87 焊接各爪

图3-88 镶口完成

爪；待凝固后取下橡皮泥（图3-85、图3-86）。

⑦ 镶口稍稍过火，烧除502胶水。在焊缝间隙抹上硼砂水，烧红后，点取焊药，分别将4条爪焊接到镶口上（图3-87、图3-88）。

第五节　线面焊接制作

线面构成戒指

【训练任务】

线面构成戒指制作。

【训练目的】

练习线面焊接技法，掌握粉状焊药焊接方法；掌握摆坯方法。

【工具与材料】

熔焊机、焊枪、焊板、剪钳、焊夹、拉线板、锯弓、游标卡尺、直径0.6mm紫铜丝、1.3mm黄铜丝、厚1.0mm铜片、银焊药粉、硼砂、明矾液、502胶水、胶锤、戒指棒、铁丝。

【操作步骤】

① 根据客户手寸计算出戒指周长，并按戒指设计的宽度要求锯切出相应长、宽的铜片及2条边缘铜线。将各铜线段根据设计图盘好造型，使用502胶水粘接在铜片上（图3-89）。

② 将适量焊药粉均匀撒在铜片上（图3-90）。

③ 将适量硼砂粉也撒匀在铜片上（图3-91）。

④ 软火将铜片整体烧红，不断升温直至焊药熔化完成焊接（图3-92、图3-93）。

（a）准备线材

（b）盘好紫铜线条

（c）502胶水粘接

（d）粘接组合完成

图3-89 铜线段粘接

图3-90 撒匀焊药粉

图3-91 撒匀硼砂粉

图3-92 焊接

图3-93 焊接完成

⑤清洗干净造型后，用胶锤及戒指棒将长条铜片敲圆（图3-94）。

⑥对齐焊接缝，用铁丝将戒指圈捆紧（图3-95）。

⑦视焊缝大小，在焊缝处放上硼砂及适量小片焊药（图3-96）。

⑧用火加热整个戒指，之后主要加热焊缝处，待焊药熔流填满缝隙即可（图3-97）。

⑨清洗干净造型备用（图3-98）。

图3-94　敲圆

图3-95　捆紧

图3-96　放置硼砂与焊药

图3-97　烧焊

图3-98　洗净备用

第六节　面面焊接练习

一、正方体

【训练任务】

完成正方体的焊接练习。

【训练目的】

① 掌握大火力焊接技巧。

② 掌握大量焊药的使用方法，掌握专用焊粉的性能。

③ 掌握不同焊药的投入焊接方法（线状、片状、粉状）。

④ 掌握面面焊接技术。

【工具与材料】

熔焊机、焊枪、焊板、焊粉（加少量水调成糊状）、铁丝网、铁丝、剪钳、长镊子、铜板、铜焊药（线状、片状、粉状）、铜焊线、硼砂、明矾。

【操作步骤】

① 在铜板上锯切出6片边长为15.0mm的正方形铜片（图3-99）。

图3-99　锯切正方形铜片

② 边缘锉修整齐，然后将每片铜片边缘都锉修成45°角（图3-100）。

③ 先将两片铜片两两对齐边缘，用铁丝捆牢，涂抹上焊粉。

图3-100　锉修角度

④ 将捆起的铜片，使用蓝色硬火整体加热，当铜片整体发红时，推动焊枪上的气门旋钮，将火焰调成有力的细长状态，使焰锋对准焊缝继续加热，当焊缝红到一定程度，将铜焊线迅速点上去。观察熔化的焊药是否完全流入全部焊缝（图3-101）。

⑤ 将剩余铜片分别一一对齐绑定；将焊线剪成小段，在焊缝处间隔放置适量焊粉，将其焊接成为一个正方体（图3-102）。

图3-101　两两焊接

（a）继续焊接

（b）三片焊接完成

（c）四片焊接

图3-102 焊接正方体

图3-103 砂磨

图3-104 正方体完成

⑥ 焊接完毕后，放置在稀硫酸液中浸泡清洗，当氧化层清洗完毕后取出冲洗干净。

⑦ 使用锉及砂纸棒将正方体打磨平整（图3-103、图3-104）。

【训练要求】

① 所有面焊接要均匀、牢固，不能出现虚焊、死焊的情况。

② 保证每处焊缝均被焊药填满。

二、三角体

【训练任务】

完成三角体的焊接练习。

【训练目的】

① 掌握大火力焊接技巧。

② 掌握大量焊药的使用方法。

③ 掌握面面焊接技术。

【工具与材料】

熔焊机、焊枪、焊板、焊粉（加少量水调成糊状）、铁丝网、

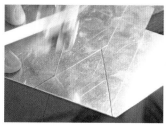
（a）锯切铜片

（b）准备锯切三角形小铜片

（c）完成三角形铜片

图3-105 锯切三角形铜片

（a）边缘锉出角度

（b）锉修完毕

图3-107 对齐角度

图3-106 锉修三角形铜片

铁丝、剪钳、长镊子、厚1.0mm铜板、铜焊线、硼砂、明矾。

【操作步骤】

① 在铜板上锯切出3片边长为20.0mm的等边三角形铜片（图3-105）。

② 将每片铜片两个边缘锉修整齐，然后将每片铜片边缘都锉修成30°角（图3-106），（底边可无需锉出角度）。

③ 先将两片铜片斜角边对齐，用铁丝捆牢，涂抹上焊粉（图3-107）。

④ 将捆起的铜片放置在焊板上的铁丝网上（本案例使用自制的辅助铁丝线，将三角片固定并悬空，利于升温），使用蓝色硬火整体加热，当铜片整体发红时，将火焰可调成细长，焰锋对准焊缝继续加热，当焊缝红到一定程度，将焊线迅速点上去，并继续加热，观察熔化的焊药是否完全流入全部焊缝（图3-108）。

⑤ 余下的铜片和④步骤铜片同样捆绑牢固，焊接组合。

⑥ 将已经组合成的三角锥体放置于比其底面稍大的铜片上，涂抹焊剂后，在各个边缝放置适量焊药，大火焊接成为一个三角体（图3-109、图3-110）。

⑦ 焊接完毕后，放置在稀硫酸液中浸泡清洗，当氧化层清洗完毕

（a）对齐并稳固铜片

（b）点焊线

（c）大火加温焊缝

（d）焊接完毕

图3-108　焊接三角形

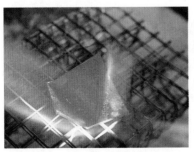

图3-109　焊接时焊药不足补入焊药

图3-110　焊接底片

图3-111　三角体制作完成

后取出冲洗干净。

⑧ 将多余的底片锯除，锉修并打磨三角体（图3-111）。

【训练要求】

① 所有面焊接要均匀、牢固，不能出现虚焊、死焊的情况。

② 保证每个焊线均被焊药填满。

第七节　面面焊接制作

一、面构成吊坠

【训练任务】

面构成吊坠制作。

【训练目的】

掌握面面点焊的技法。

【工具与材料】

足银、锉、尖嘴钳、圆嘴钳、熔焊机、0.8mm厚银片、锯弓、镊子、砂纸（400#、800#、1200#）。

【操作步骤】

① 依据设计方案，该吊坠高53.0mm 、宽21.0mm。首先将设计图纸中的各个橄榄形剪下待用（图3-112）。

② 设计图用固体胶粘贴在银片上，并锯切出各橄榄型（图3-113、图3-114）。

③ 锉修各橄榄型（图3-115）。

④ 将各橄榄型弯曲（图3-116、图3-117）。

⑤ 将各个橄榄型泡过硼砂水后，分别焊接到一起（图3-118）。

图3-112　橄榄型贴在银片上

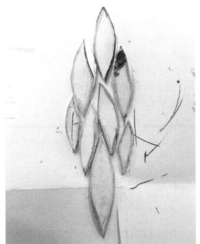

图3-114　各橄榄型

图3-113　锯切各橄榄型

图3-115 锉修各橄榄型

图3-116 将各橄榄型弯曲

图3-117 弯曲后各橄榄型

图3-118 焊接各橄榄型

⑥ 造型背面单独焊接穿链位（图3-119）。

⑦ 锉修造型（图3-120）。

⑧ 依次用400#、800#、1200#飞碟砂纸抛削（图3-121）。

⑨ 抛削完成（图3-122）。

图3-119 焊接穿链位

图3-120 锉修造型

图3-121 飞碟抛削

图3-122　抛削完成

图3-123　滚筒抛光完成

⑩ 使用滚筒将作品抛光，具体制作技法详见第四章第三节机械研磨与抛光（图3-123）。

二、面构成胸针

【训练任务】

面构成吊坠制作。

【训练目的】

掌握面面焊接的技法。

【工具与材料】

银片、锉、尖嘴钳、圆嘴钳、熔焊机、镊子、机剪分规、锯弓、焊板、砂纸（400#、800#、1200#）。

【操作步骤】

① 压制出厚0.5mm的银片（图3-124）。

② 在该银片上用机剪分规刻画出8个直径10.0mm的圆和1个2mm×7mm的长方形（图3-125）。

③ 将圆及长方形锯切出来（图3-126、图3-127）。

图3-124　压制银片

图3-125　刻画造型线

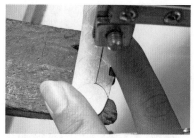

图3-126　锯切基本型

图3-127　各基本型

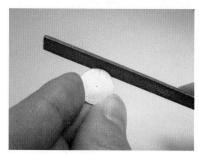

图3-128　锉修各圆

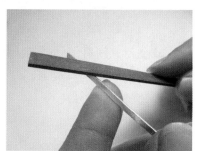

图3-129　锉修银条

图3-130　刻出6字锯切线

图3-131　锯切线

④ 锉修圆及长方形银片（图3-128、图3-129）。

⑤ 用钢针在6块圆银片刻画"6"字形的锯切口（图3-130、图3-131）。

⑥ 沿"6"字边缘进行锯切（图3-132）。

⑦ 将锯切好的圆片退火（图3-133）。

⑧ 依据设计，用尖嘴钳分别将圆银片扭出盘花造型（图3-134）。

⑨调整各个面之间的适合位置，组合出造型（图3-135）。

⑩ 相互摆好各个面，在片与片之间放上高温焊药与硼砂，加

图3-132　沿锯切线锯切

图3-133　退火

图3-134　扭花

图3-135　组合造型

热至焊药熔流，确保焊接牢固（图3-136）；明矾水煮沸处理后洗净备用。

⑪ 使用激光焊接机，将胸针搭扣配件焊接在背面适合位置（图3-137）。

⑫ 用锉刀锉修，使得整体造型线条流畅（图3-138）。

⑬ 依次用400#、800#、1200#砂纸棒及砂纸锥抛削造型表面各个细节，使得表面细致光滑（图3-139）。

⑭ 使用磁针及滚筒将作品抛光，具体制作技法详见第四章第三节机械研磨与抛光（图3-140）。

图3-136 焊接各面

图3-137 激光焊接搭扣

图3-138 锉修

图3-139 砂纸抛削

图3-140 抛光完成作品

第八节　金珠焊接制作

通过焊接的实践我们发现，当小块的金属加热熔化后，由于金属液的表面张力作用，这些少量的金属并未熔流开来，而是形成了一个球体，凝固后成为一个小金属珠粒。这些金属珠粒，可以构成线和各种图形画面，形成独特的视觉审美，可以丰富首饰设计的表现形式。

一、金珠粒制作

金属珠粒来源于少量金属熔化时生成的球粒体。一般直径约为0.5mm才方便使用。太小的金属粒容易在后期焊接过程中直接熔化掉，太大的金属粒则失去了精致美。

【训练任务】

珠粒制作。

【训练目的】

掌握金属珠粒的制作方法。

【工具与材料】

熔焊机、焊枪、木炭、镊子、剪钳、0.2mm银片（线）、硼砂水、明矾液。

【操作步骤】

① 将银片（线）剪成0.5mm×0.5mm小块（段），浸入硼砂水中备用。

取木炭一块，在木炭上掏出一个圆坑（可以使用适合尺寸的圆錾按出一个圆窝）。

在圆坑内熔化银段，由于炭灰给予金属球底面一个支撑力量，这种方法制成的珠粒会比较圆。

② 也可用硼砂在焊板上烧结出小块区域的釉质层；在该釉层上进行熔银操作，这种方法制成的珠粒身圆底平（图3-141）。

③ 将银珠粒用明矾洗净备用（图3-142）。

（a）木炭

（b）硼砂层

图3-141　熔金珠粒

图3-142　银珠颗粒

二、焊药粉配制

前文所述的各种焊接方法，都是点对点或是面对面的焊接模式，当几十上百粒金属珠粒需要紧密地焊接在一个平面上的时候，再采用前述的一个珠粒一个焊点逐一处理模式，就显得力不从心了，而要考虑采用新的焊接形式，需要整体一次性焊接。

首先焊药的形式需要改变。前文提及，焊药有3种使用形式：片状、线状、粉状。在处理较大面积的点焊接时，焊药应采用粉状形式。

以大面积的金珠粒焊接为例，同时要将大量的珠粒焊接到一个平面上，对焊药粉的要求如下：

① 焊药粉应该较细小，可以均匀地围绕在各个小珠粒周围。

② 珠粒体积小、易熔、不耐受热，为了达到一次性快速焊接的目的，焊药熔点应该低，其配方应以中、低温配制为主。

③ 焊药易化开，不应在焊接时结团，流动性要好。

根据以上要求，进行自配焊药并制粉。

【训练任务】
焊药粉制作。

【训练目的】
掌握中温焊药的配制及药粉的磨制。

【工具与材料】
熔焊机、坩埚、压片机、粗锉、磁石、银、纯铜、硼砂。

图3-143 锉焊药

【操作步骤】

① 将66%的银加34%的纯铜熔化，在熔融状态时加入适量的三氧化二砷（剧毒）并搅拌均匀，倒入油槽内，待其冷却的瞬间浇上冷水，使其成块状。

② 使用锉对金属块锉削，收集锉下的金属屑，用磁石清除里面的铁质（图3-143）。

③ 将适量硼砂混合到焊粉中，搅拌均匀备用（图3-144）。

图3-144 焊粉

三、金珠粒胸针

【训练任务】

金珠粒壁虎造型胸针制作。

【训练目的】

① 学习金珠粒的粘贴。

② 学习金珠粒的焊接技法。

【工具与材料】

熔焊机、拉线板、锉、高温焊药、焊粉、焊板、铁丝网、砂纸（400#、800#、1200#）、固体胶、白芨①。

【操作步骤】

（1）造型制作

① 用铅笔在拷贝纸上画出壁虎的外形（图3-145）。

② 用固体胶把设计图粘到压好的厚0.8mm银片上（图3-146）。

③ 沿外缘线锯切造型（图3-147）。

图3-145 画稿

图3-146 贴上银片

图3-147 锯切造型

---

① 白芨，中药材。将白芨研磨成粉，加水调制成黏糊状态，可用于粘接被焊物体。其遇火成灰，适宜焊接。

④ 壁虎外廓造型完成（图3-148）。

⑤ 锉修外形；用尖头金刚砂针对细节修锉（图3-149、图3-150）。

⑥ 完成基本造型（图3-151）。

（2）拉丝与焊接

① 在压好的银片上用圆规画出1.2mm宽度的线，然后沿线锯切（图3-152、图3-153）。

② 锯切完成的银条用锉刀进行修锉平直（图3-154）。

③ 用拉线板将银条拉至直径1.0mm（图3-155）。

图3-148　壁虎造型

图3-149　锉修造型

图3-150　砂磨细节

图3-151　基本造型完成

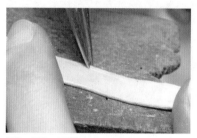

图3-152　画线

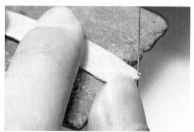

图3-153　锯切

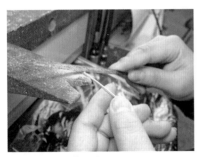

图3-154　锉修平顺

图3-155　拉至直径1.0mm

图3-156　弯曲造型

图3-157　放置高温焊药

图3-158　烧焊

图3-159　剪去多余银线

④ 用银线在壁虎上进行造型弯曲（图3-156）。

⑤ 将数片小段高温焊药置于焊接位置，并抹上硼砂水（图3-157）。

⑥ 大火焊接牢固，注意控火，用火力引导焊药流满所有缝隙。不够的地方可以添加焊药继续烧焊（图3-158）。

⑦ 把焊接好多余的部分用剪钳剪掉（图3-159）。

⑧ 把焊接好壁虎放在明矾水中煮沸处理（图3-160）。

⑨ 用锉刀和金刚砂针进行局部锉修（图3-161）。

图3-160　明矾水煮沸

图3-162　拌胶

（a）砂磨头部外缘线

（b）线条砂磨平顺

图3-163　粘珠

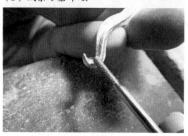

（c）砂磨尾部外缘线

图3-161　锉修造型

图3-164　完成粘珠

（3）粘贴银珠

① 白芨用清水调稠（图3-162）。

② 用镊子把银珠略点沾白芨后均匀排放在造型上（图3-163）。

③ 摆满银珠后的造型完成（图3-164）。

（4）焊接

①焊药及焊粉按照比例混合在一起（图3-165）。

②把粘贴完整的壁虎放在铁丝架上并均匀撒上焊药粉（图3-166）。

③打开焊枪，尽量使用柔火对壁虎进行焊接，避免珠粒被吹移位，火焰可以缓慢游走于壁虎的正反两面，让造型均匀升温。焊接要领是工件整体加热，当整个工件发红亮，利用其整体的温度将全部焊药熔化，这样焊药就会熔化得比较均匀（图3-167）。

④使用激光焊接机，把胸针搭扣部件置于壁虎背部进行激光点焊（图3-168、图3-169）。

⑤将造型放进明矾水中煮沸处理（图3-170）。

图3-165　混合焊药和焊粉

图3-166　撒匀焊药粉

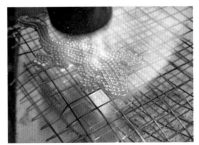

图3-167　软火烧焊

图3-168　激光点焊

图3-169　搭扣焊接完成

图3-170　明矾水煮沸

（a）锉修外缘边线

（b）砂磨平整背部

图3-171 执模

图3-172 作品完成

（5）执模

① 用锉刀和金刚砂进行最后的细节修整（图3-171）。

② 分别用400#、800#、1200#砂纸抛顺壁虎两侧及背面。

（6）抛光

作品放入磁针机进行抛光，制作技法详见第四章第三节机械研磨与抛光。

作品完成如图3-172所示。

【注意事项】

① 焊药的投放量需要依据经验判断，太多容易造成珠粒表面凹凸不平，太少又会焊接不牢。

② 一定要整体加热工件，焊枪可以在工件正面、背面来回移动。

③ 这种焊药熔点低，易熔化，适宜大面积焊接。如果第一次烧熔时火候掌握不好，烧不开（即焊药熔化不完全的状态），再次烧熔就比较困难。如果情况不太严重，可适量增加硼砂再次烧熔；若情况严重就只能作废件处理。所以使用该焊药时，要格外注意火候。

04

PART

第四章
首饰制作技能

第一节　造型制作

一、珍珠吊坠

该案例中重点学习爪镶与插镶的制作技法。

爪镶是最常用的镶嵌方法，利用金属爪的变形力量牢牢压紧抓牢宝石，适用范围广，多用于晶体、刻面、蛋面宝石。爪镶方式尤其能突出宝石，让光线更多地通过宝石，令光线折射更好，火彩更加灿烂。

以常用的圆钻为例，其爪镶镶口与宝石大小对应关系见表4-1。

表4-1		宝石与镶口对应关系表			单位：mm
宝石大小	爪大小	镶口厚度	镶口最小高度	爪吃入石深度	爪高出镶口高度
1.3~2.0	0.6~0.8	0.4~0.5	0.7~0.8	0.1	1.0
2.0~3.0	0.8~0.9	0.5~0.6	0.8~0.9	0.1	1.0~1.2
3.0~5.0	0.9~1.1	0.6~0.7	0.9~1.1	0.15	1.2~1.5
5.0~8.0	1.1~1.2	0.7~0.9	1.1~1.2	0.15~0.2	1.5~2.0
8.0~10	1.2~1.4	0.9~1.0	1.2~1.4	0.2	2.0~2.5

插镶是指在镶口底座上安装金属针，涂胶后，插入球形、异型珍珠及宝石孔洞中的一种固定方式。

【训练任务】
制作一个心形镶石珍珠吊坠。
【训练目的】
① 学习爪（逼）镶镶技法。
② 学习珍珠镶托的制作技法。
【工具与材料】
压片机、坑铁、锯弓、剪钳、尖嘴钳、熔焊机、吸珠针、1.0mm麻花钻、菠萝针、飞碟针、绿胶辘、厚度0.8mm的925银、直径4.0mm圆形锆石、宝石胶水。
【操作步骤】
（1）上稿　把在拷贝纸上画好的两个心形，用固体胶分别粘贴

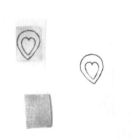

图4-1　粘稿

图4-2　钻出锯切孔

图4-3　锯除内心

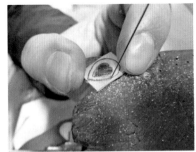

图4-4　锯出外形

图4-5　锉修内心

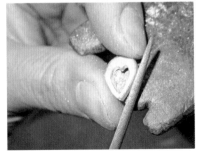

图4-6　锉修外心

在厚0.8mm的银片上（图4-1）。

（2）锯出心形银片和修整形状

①靠近图稿内缘线，使用麻花钻钻出锯切孔；锯除两个心形的内心部分（图4-2、图4-3）。

②锯出心形外形（图4-4）。

③锉修内、外心形（图4-5、图4-6）。

④在一片心形银片上锉修出45°左右的斜面，形成一个美人尖造型（图4-7、图4-8）。

图4-7 修出斜面

图4-8 修出美人尖

图4-9 焊接镶口

图4-10 压成内凹弧面

（3）制作各个小部件

① 夹层支撑件。锯切出4根高1.8mm、宽1.0mm的方形小银块，作为吊坠夹层的支撑部件。

② 镶口。

a. 拉制外直径4.0mm的管材，锯切出高度为1.8mm的镶口；

b. 剪切出长3.0mm、直径1.2mm银线4条；

c. 将银线焊接到镶口上（图4-9）；

d. 将其中一条剪短平齐于镶口。

③ 珍珠托。

a. 在厚度0.8mm的银片上锯切出一个直径3.0mm的圆；将该小圆用圆錾在坑铁半圆凹坑处压成内凹弧面（图4-10、图4-11）；

b. 在该半圆片中心位置上，用直径1.0mm麻花钻钻开一个小孔；

c. 将直径1.0mm银线穿过小孔，用圆嘴钳将上部分银线扭成一个直径2mm圆形。

④ 瓜子扣。在厚度0.8mm的银片上锯切出一个长24.0mm、宽3.5mm的长橄榄形银片，对折弯曲后制成瓜子扣造型；将边缘锉圆

图4-11 内弧面

图4-12 瓜子扣

图4-13 各个小部件

图4-14 焊支撑

顺（图4-12）。

完成的各个小部件如图4-13所示。

（4）焊接各部件

① 按顺序把4根支撑上下左右对称地焊在心形底片上（图4-14）。

② 镶口上的短爪部位，放在心形底片"心尖"位置上，焊接牢固（图4-15）。

③ 焊上正面心形银片（图4-16）。

图4-15 焊镶口

图4-16 焊正面心形银片

④ 在瓜子扣上装好一个直径2.0mm的银圈（图4-17）；将瓜子扣接口焊接封闭（图4-18）。

⑤ 将瓜子扣上的银圈接口与吊坠顶部支撑对齐，焊接牢固（图4-19）。

⑥ 珍珠托上的圆圈穿过心形吊坠底部支撑后，焊接固定（图4-20、图4-21）。

⑦ 明矾水煮沸处理，清水冲净备用（图4-22）。

（5）执模

① 依次用400#、800#、1200#砂纸棒打磨表面（图4-23）。

② 用砂纸飞碟打磨夹层等细节部位（图4-24）。

图4-17　扣银圈

图4-18　焊闭瓜子扣

图4-19　瓜子扣圈焊接上主体

图4-20　珍珠托圈穿过支撑

图4-21　封闭珍珠托圈

图4-22　明矾水煮沸处理后

图4-23　打磨表面

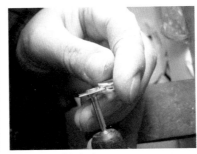

图4-24　砂纸打磨

图4-25　抛削完成

图4-26　度位

图4-27　石略大于镶口

图4-28　掰爪

③抛削完成（图4-25）。

（6）镶嵌（本案例重点讲解镶口略小于宝石的镶嵌处理办法）

①度位。将圆形锆石放在镶口位置上，比较是否适合镶口大小；石头较镶口稍大，所以无法平稳地放在镶口上（图4-26、图4-27）。

②车坑开位。为了让稍大点的宝石能够适合地放入镶口，可以采取在美人尖部位开出卡口以及扩大镶口的方式，使镶口让出部分空间，以便宝石可以放在上面。

a. 用尖嘴钳将三个爪稍稍掰向外（图4-28）；

b. 用适合大小的飞碟针在美人尖处开出一个适当深度的" ＞"

形卡位（图4-29、图4-30）；

c. 再次落石，仔细观察，石头可以平稳放入镶口，但是石头腰部较美人尖稍高，无法进行逼镶，所以需要车镶口（图4-31）；

d. 使用适合大小的球（菠萝头）针，将镶口边缘车削成45°斜面（图4-32、图4-33）。

③ 落石。

a. 落石平稳后（若是小粒宝石，可以用镊子点取橡皮泥将宝石稳定在镶口上），仔细观察石头腰围对齐爪的高度；

b. 用记号笔在爪与石腰围对齐的高度位置上标记出来（图4-34、图4-35）；

图4-29　飞碟针在美人尖车卡位

图4-30　美人尖上卡位

图4-31　石腰稍高

图4-32　选用适合大小球（菠萝头）针

图4-33　镶口内缘车出斜面

图4-34　落石标线

图4-35　三爪标线

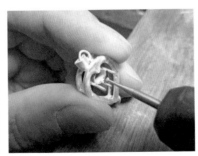

图4-36　飞碟针车卡位

图4-37　卡位

图4-38　胶布裹紧尖嘴钳一端

c. 车爪开位　爪镶中，爪卡位不允许超过爪直径的1/2。使用适合大小的飞碟针，在4个爪上的记号处车削出"＞"形的卡位；车削深度约为爪直径的1/3；车削时应该逐渐加深车位（图4-36、图4-37）。

④钳爪。

a. 为了避免钳爪时锉伤其他光金部位，可以在尖嘴钳上粘贴医用胶布作为保护层（图4-38）；

b. 尖嘴钳一头顶紧吊坠顶部，另一头把爪轻柔压向并压紧石头，使石头贴紧美人尖的卡位（图4-39）；

c. 将余下的两爪，对称用力钳紧（图4-40）。

⑤剪爪。

a. 剪钳贴近石头台面，以此来掌握剪爪多少——爪要剪短至与石头台面平齐高度（图4-41）；

b. 开始剪的时候，要将剪钳略微向上倾斜（避免剪的瞬间剪钳的下压力将宝石压移位或是压坏），另一只手食指按住待剪爪头避免爪头弹走，完成后如图4-42所示。

⑥锉爪。

a. 锉修爪顶端的剪痕；

图4-39　爪贴紧卡位

图4-40　对称用力钳爪

图4-41　剪爪

图4-42　剪爪完成

　　b. 用竹叶锉将爪内侧修整至紧贴宝石；

　　c. 将爪的外侧位置修圆顺。

　　锉修时，锉刀不能锉到宝石。锉修后用刷子刷干净镶口上的金粉。

　　⑦ 吸圆爪。

　　a. 选择比爪直径稍大的吸珠针（图4-43）；

　　b. 将吸珠针垂直压在爪上，轻轻踩动吊机踏板，旋转速度不能太快，要低速慢慢旋转，由外向内再向两侧，轻轻摇动吸珠针；将各个爪顶端处理圆滑且大小一致（图4-44）；

　　c. 吸完后的吸珠针要点入胶泥中，去掉里面的金粉，并用刷子刷去镶口上的金粉。

　　⑧ 车胶辘。

　　胶辘有两种颜色，红色砂轮面较粗，砂磨力大，易将金属以及宝石、锆石车花，适宜粗磨；绿色砂轮较细，砂磨力小，可以将金属处理得更光滑，其作用相当于高标号砂纸。镶嵌完毕后，如果钳压痕迹不明显，多选用绿色子弹头型的胶辘，保持匀速轻力地接触金属爪，将爪在镶嵌过程中产生的轻微划痕打磨光顺。

图4-43 选用比爪直径略大的吸珠针

图4-44 轻晃将爪头吸圆

图4-45 车胶辘

图4-46 完成主体造型

处理时，胶辘要避免接触到宝石（图4-45）。

至此，就完成了该吊坠的主体造型部分（图4-46）。

【爪镶嵌避免出现的问题】

① 露边。宝石略小于镶口外缘，俯视可见宝石下方的镶口光金。

② 露底。刻面宝石的亭尖部位露出镶口底部，会出现划到人体皮肤的情况。

③ 戴帽。宝石底部面积大于镶口，出现大脚穿小鞋的情况。

目前，企业生产中为了提高生产效率，针对同一批次的规整宝石，在首版上就开好石位，铸造出来后，镶嵌时就无需太多人工调整，节省了工时与损耗成本（图4-47）。

已开石位铸造首饰主石镶嵌方法如下：

① 落石。落石时，先将石头斜着放入一边的卡位中（图4-48）。

② 压平。石头另一端用柔力向下将石头压进卡位至平齐（图4-49）。

③ 钳爪。将镶爪对称钳紧贴石（图4-50、图4-51）。

以上镶嵌的都是大颗粒石头，若是其他款式需要钉镶小粒副

图4-47 已有石位　　　　　　图4-48 落石

图4-49 压平　　　　　　　　图4-50 钳爪

图4-51 镶嵌完成　　　　　　图4-52 车位

石，其步骤也基本一致。小粒副石的镶嵌方法如下：

　　①车位。使用与小粒石直径一致的飞碟针，一端紧贴钉脚，然后将飞碟扶正垂直于镶口；轻踏吊机踏板，车出一个同样大小的坑位（图4-52）。

　　②落石。针头蘸点少许植物油，粘住小石头；将小石头斜放入镶口内，再用吸珠针将宝石压正（若石头不平，需要仔细观察是镶口哪一边高了，再返回①，用飞碟车低高了的位置）。

　　③钳爪（图4-53、图4-54）。

　　为对应更小的副石，镶嵌原理同样是用金属爪抓牢石头，由于

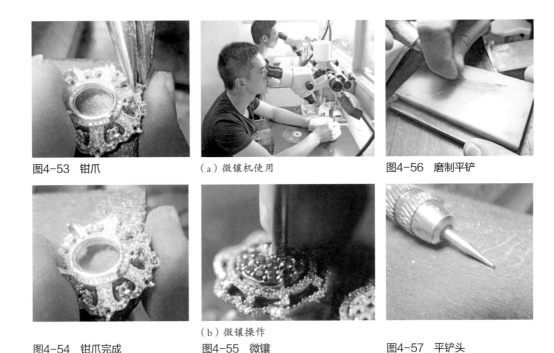

图4-53 钳爪 （a）微镶机使用 图4-56 磨制平铲

图4-54 钳爪完成 （b）微镶操作 图4-57 平铲头
图4-55 微镶

石头体量较小，一般直径多为1~1.5mm，故而爪镶中的爪就缩小如同小钉子一般，这种镶嵌就是钉镶。这些小钉往往仅有0.3~0.5mm大小，故而镶嵌要借助微镶机放大视野（10~20倍）进行精细操作，业内也常称之为微镶（图4-55）。

爪镶嵌中用以钳爪的尖嘴钳，在钉镶中无法应对如此小的钉位，故而在钉镶中采用平铲替代尖嘴钳，采用平铲将钉压向石头镶嵌的方法。平铲的自制方法是：使用缝纫机针，将针头剪去后，在油石上将针头磨制成对称60°斜角使用（图4-56、图4-57）。

镶嵌牢固后，需要将钉头处理圆滑，由于钉直径较小，市面上提供吸珠针没有如此小的型号。所以一般采用自制小吸珠针的方法对钉头吸圆，其制作方法是：将废机针针头磨平后，装入吊机旋转，再使用尖头金刚砂针对准针头，逐渐磨制出一个内凹的窝槽即可。吸珠针与平铲一般装入冬菇头使用（图4-58）。

④ 压钉。宝石平整后，用吸珠针由下向上使力，将钉压向贴紧宝石（图4-59）；

由于小粒宝石（锆石等低价值石头）往往切割得不太标准，石头腰围经常出现厚薄不一以及直径略不准确的情况，使石头离钉较远，可

图4-58　冬菇头与吸珠针

图4-59　压钉

（a）吊坠压钉

（b）戒指压钉

图4-60　压钉贴石

图4-61　调胶

图4-62　粘珠

图4-63　吊坠完成

以用平铲将钉压近石头，再用吸珠针将钉贴紧石头（图4-60）。

镶嵌时要求同一直线上的副石高度一致，宝石台面略低于光金面。

（7）抛光　详见第三节打磨抛光。

（8）电镀　详见第三节电镀。

（9）粘胶　该心形吊坠电镀完成后，要将宝石专用AB胶依据说明按比例调制（图4-61）。然后将胶水适量涂在珍珠托及银针处，将珍珠孔套入待干（为避免污损金属表面，应佩戴白手套，图4-62）。

至此，完成该心形吊坠的全部制作步骤（图4-63）。

二、爪镶戒指

在首饰复制生产过程中，多个工序产生物理收缩及执模损耗情况，导致最终生产出的首饰体积小于首版的情况（详见本章第二节　复制制作）。所以首版上一般会较设计要求尺寸放大3%~5%[①]，以保证最终出品的首饰符合设计要求。这个首版放大的比率称为缩水放量率。

【训练任务】

① 制作出批量生产手寸为16号（港度）的爪镶戒指首版。

② 制作出手寸为16号（港度）的单件。

【训练目的】

掌握戒指制作的各项技法。

【工具与材料】

925银片、高中温焊药、硼砂、熔焊机、坑铁、拉线板、压片机、镊子、剪钳、圆嘴钳、吸珠针、锉刀、牙针、锤子、胶锤。

【操作步骤】

① 压制出厚度2.0mm银片（图4-64）。

② 拉制出直径1.2mm银线（图4-65）。

③ 依据缩水放量4%计算出16号（港度）戒指圈所需戒圈长度：16号戒圈直径为17.6mm，周长长度为57mm，其首版应放量至周长59.28mm，见表4-2。

图4-64　压制银片

图4-65　拉线

---

① 3%~4%的缩水率需要视具体情况而定。不同的造型款式、体积、胶膜、蜡模、铸造工艺等均会影响而改变缩水量。

表4-2						港度手寸对照表									单位：mm		
指圈号	6	7	8	9	10	11	12	13	14	15	16	17	18	19	20	21	22	23	24
直径	14.1	14.4	14.8	15.1	15.4	15.8	16.1	16.5	16.9	17.2	17.6	17.9	18.3	18.6	19	19.2	19.5	19.8	20.2
周长	45	46	47.5	48	50.5	52	53	53.5	55.5	56.5	57	57.5	58	59	61	62	63.5	64	66

④ 在银片上标记并锯切出59.3mm长银条，用锤子将银条轻敲平直，锉修整齐（图4-66）。

⑤ 再制作1条长12.0mm的银条，并将一头锉修成30°斜面（图4-67）。

⑥ 将短银条的斜面贴近长银条一端，两条银条端头处于平齐位置；将硼砂水涂抹在结合面（图4-68）；镊子点取高温焊药置于焊缝处（图4-69）；加温烧熔焊药完成焊接（图4-70、图4-71）。

⑦ 使用坑铁及戒指棒，将银条压弯压卷，制成戒圈（图4-72、图4-73）。

⑧ 取宽2.6mm、厚1.0mm的银片用圆嘴钳慢慢掰圆（图4-74）；圈出一个直径为5.0mm的石碗（图4-75）；锯切出该镶口，并将步骤②的直径1.2mm银线剪取4条作为镶爪（图4-76）。

（a）刻画线

（b）锯切

（c）敲平

（d）戒圈银条

图4-66　锯切银条

图4-67　戒圈所需两条银条

图4-68　硼砂水过火

图4-69　放入高温焊药

图4-70　焊药焊化

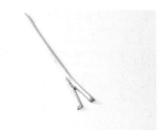

图4-71　焊接完成

图4-72　压弯银条

图4-73　弯成戒圈

图4-74　掰圆

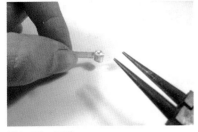

图4-75　石碗

图4-76　镶爪与石碗

⑨ 将爪与镶口使用高温焊药焊接组合（图4-77、图4-78）。

⑩ 使用牙针在镶口中间开一个高1.0mm、两端各留0.8mm的夹层（图4-79、图4-80）。

⑪ 将戒圈和镶口对齐至合适位置，使用中温焊药焊接组合（图4-81）。

⑫ 戒圈放入明矾水中煮沸，洗净后，套入戒指尺检查戒圈手寸大小是否到位；若手寸偏小，可以套入戒指铁棒上，使用胶锤轻轻敲击戒指外侧面将戒圈略略涨大（图4-82）。

⑬ 锉修执模，将戒指内外修整圆顺并用400#~1200#砂纸砂磨（图4-83）。

至此即完成了首版的制作工作（图4-84）。

图4-77　焊接镶爪

图4-78　焊接组合

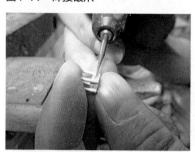

图4-79　开夹层

图4-80　开好的夹层

图4-81　戒指焊接组合

图4-82　检查手寸大小

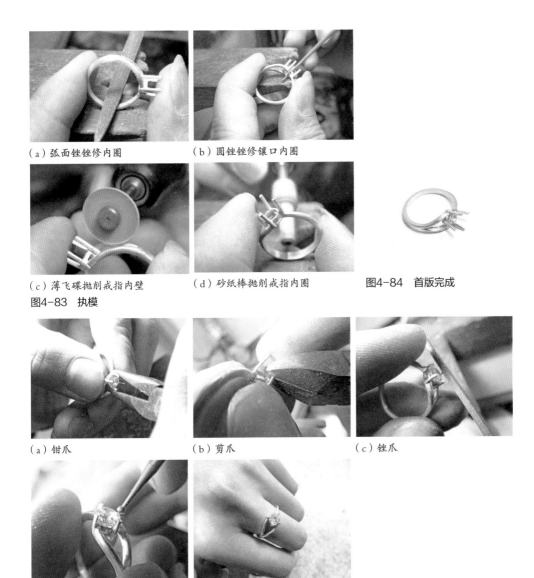

（a）弧面锉锉修内圈　　　（b）圆锉锉修镶口内圈

（c）薄飞碟抛削戒指内壁　　（d）砂纸棒抛削戒指内圈　　图4-84　首版完成

图4-83　执模

（a）钳爪　　　　　　（b）剪爪　　　　　　（c）锉爪

（d）吸圆爪头　　　　（e）镶石完成

图4-85　镶嵌锆石

　　若需要将该戒指进行批量生产，接下来就要进入到制作水口及压胶膜等复制工艺环节，具体制作过程请参阅本章第二节复制制作；若仅生产单件成品，则继续下列制作步骤：

　　⑭ 将戒圈底部锯切掉2.2mm银段，再焊接封闭戒圈。使用港度手寸棒测量戒指手寸是否为16号。

　　⑮ 依据案例一镶嵌技法，将直径5.0mm的圆形锆石镶嵌牢固

图4-86　爪镶戒指

（图4-85）。

⑯ 机械抛光，详见第三节打磨抛光。

⑰ 作品完成（图4-86）。

三、包镶耳针

包镶是用金属边将宝石围紧的镶嵌方法，其镶嵌最牢固。包镶分为有边包镶与无边包镶两种镶法。有边包镶是有包裹宝石的环状金属边（称之为"石碗"）；无边包镶则是包住宝石顶角的半包镶、包角镶类型。

包镶比较适合大颗粒宝石，无论刻面宝石还是弧面宝石均可以采用这种镶嵌方式。但是由于包镶的金属围绕宝石的面积较多，使得宝石原本的耀眼色彩变得平实稳重，而且包镶款首饰比较厚实，体量大，可以体现一种大气富贵、端庄稳重的感觉，比较适合男士及中老年女士佩戴。包边宽度见表4-3。

表4-3	石头直径与包镶边宽度参考表			单位：mm	
石头直径	1.3~2.0	2.0~3.0	3.0~5.0	5.0~8.0	8.0~10.0
包边宽度	0.6~0.7	0.7	0.7~0.8	0.8~1.0	1.2~1.3

【训练任务】

制作一对包镶耳钉。

【训练目的】

① 学习包镶镶口的制作技法。

② 学习包镶镶嵌技法。

【工具与材料】

锯弓、两头索、锤子、金属棒（迫镶）、剪钳、圆规机剪、直尺、毛笔、尖嘴钳、熔焊机、厚0.8mm925银片、火漆、0.8mm麻花钻、牙针、金刚砂针、耳针配件

【操作步骤】

① 用圆规机剪量出平底蛋面宝石腰部高度（图4-87）。

② 用两头索在银片上按高度画出标记，并锯

图4-87　量出腰高

（a）画出标记线

（b）锯切银片

（c）宝石与包镶银片

图4-88　制作银片

（a）围石

（b）剪去多余银片

（c）围出石碗

图4-89　制作石碗

切出与宝石腰围等高的银片（图4-88）。

③用尖嘴钳将银片紧紧围绕宝石；用剪钳剪去多余银片；再用尖嘴钳调整银片，使之裹紧宝石，制作出两个石碗银片（图4-89）。

④用牙针及平锉锉修整齐接口位（图4-90）。

⑤将小片高温焊药放于焊缝下方，用毛笔蘸硼砂水涂在焊缝上；将焊缝焊合（图4-91至图4-93）。

⑥将小片高温焊药放于镶口银片下方，用毛笔蘸硼砂水涂在焊缝上；同时将两个银片焊合在银底片上（图4-94、图4-95）。

⑦分别将两个石碗锯切下来，锉修石碗外围；用牙针、金刚

图4-90　修齐接口

图4-91　涂硼砂水

图4-92 焊合焊缝

图4-93 石碗与宝石

图4-94 放置焊药片并涂抹硼砂水

图4-95 石碗焊接底片

（a）锯切出石碗

（b）锉修石碗外部

（c）平整石碗

图4-96 锉修石碗

砂针修平整石碗内的焊缝（图4-96）。

⑧ 用麻花钻在石碗底部距离边约2mm处钻一个小孔；锯切掉2/3的底部面积（图4-97、图4-98）。

⑨ 上稿并锯切出两等大的兔耳造型（图4-99、图4-100）。

⑩ 初步完成造型（图4-101）。

⑪ 用金刚砂针打磨出耳朵的内凹造型（图4-102）。

⑫ 将耳朵与石碗焊接起来（图4-103）。

⑬ 用锉刀将造型整体锉修平顺（图4-104）。

⑭ 用火枪软火将火漆烧溶后堆在台塞上；再将石碗趁热按在火漆上，用烧软的火漆包围固定（图4-105、图14-106）。

⑮ 包镶。

a. 将宝石平稳地放入石碗内。

图4-97　钻锯切孔

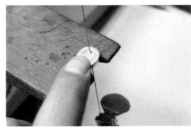

图4-98　锯除多余底面

图4-99　锯切兔耳造型

图4-100　两个等大兔耳朵

图4-101　初步完成各小部件

图4-102　掏出内凹弧面

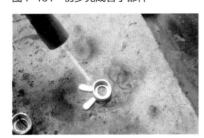

图4-103　焊接组合

图4-104　锉修

图4-105　烧软火漆

图4-106　包围固定石碗

图4-107 对称柔力敲击金属边缘

图4-108 镶口边缘修圆顺

b. 用左手拇指、食指、中指夹牢金属迫镶棒（视宝石大小，可用废机针去头作为迫镶棒使用）；右手持锤，迫镶棒略向外倾斜，用锤子敲打迫镶棒，将击打力量传递到金边上，金边逐渐向宝石方向发生变形，直至压住宝石（图4-107）。

迫镶操作时注意：

a. 对称敲击，不能只在一边连续敲击，避免宝石只受到一个方向的作用力而歪斜。

b. 敲击力量要轻缓，可以边敲边滑动迫镶棒，使受力均匀。

c. 迫镶时要注意，太薄的石碗金边是无法进行包镶的。

⑯ 迫镶完后，用火枪软火烧软火漆，注意不能烧到宝石；取下造型后，浸入到白电油（或汽油）中洗去残余火漆。

⑰ 将镶口边修成圆顺弧面，并抛削光顺（图4-108）。

⑱ 将第二节单件铸造制作出的胡萝卜造型及两个小银圈、两个耳针配件分别标记好适合的焊接位置（图4-109）。

⑲ 使用激光焊接机将各个部件焊接组装成完整造型；耳针、胡萝卜、小圈这些配件是可以在石碗制作完成后即可焊接在背面的；执模完毕最后镶嵌才是单件制作时的流程步骤。本案例中为了凸显激光焊接对已镶石首饰的方便加工，故而改变了这一顺序，调整为镶嵌后再进行焊接（图4-110）。

图4-109 各部件

⑳ 抛光，参见第三节表面处理 打磨抛光。

㉑ 电镀，详见第三节表面

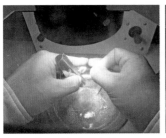

（a）焊线抵近焊点并点焊　　　　　　　　（b）焊接完毕

图4-110　激光焊接

处理 电镀。

㉒作品完成（图4-111）。

四、两用首饰——叶蔓吊坠（胸针）

【训练任务】

以叶蔓为主题，制作一件吊坠、胸针两用款首饰。

图4-111　小兔耳钉

【训练目的】

进一步熟悉烧焊技巧；了解窝镶技法。

【工具与材料】

熔焊机、压片机、游标卡尺、锯弓、圆嘴钳、尖嘴钳、葫芦夹、镊子、高温焊药、胸针配件、925银、铲针、锉、宝石胶水。

【操作步骤】

①压制出厚0.8mm银片（图4-112）。

②根据设计图，在银片上画出造型轮廓线（图4-113）。

图4-112　压制银片

③分别沿各个轮廓线锯切出基本叶片造型（图4-114）。

④将直径1.5mm银线分别用圆嘴钳掰成3条藤蔓造型（图4-115、图4-116）。

⑤将3条叶蔓造型用压片机稍稍压扁（图4-117至图4-119）。

⑥依据设计稿将叶脉与藤蔓弧度调整到位；可稍点502胶水固定各部件（图4-120）。

图4-113　画出造型轮廓线

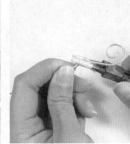

图4-115　弯曲银线

图4-116　藤蔓线造型

图4-114　锯切造型

图4-117　银线稍压扁

图4-118　压扁的银线

图4-119　拼合造型

（a）使用尖嘴钳协助弯曲

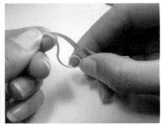

（b）用502胶水固定各部件

图4-120　调整固定造型

⑦ 将各个部件焊接到一起（图4-121）。

⑧ 将银线稍压扁后，剪取6段并焊接组合（图4-122）。

⑨ 初步完成叶脉及珍珠托镶口造型（图4-123）。

⑩ 在造型背部最大的藤蔓线卷曲间，焊接上一个银片作为珍珠托镶口的固定梁（图4-124）。

⑪ 将珠托焊接在该固定梁中间位置上（图4-125）。

⑫ 造型完成后，经过检查，发现叶片上有数个砂眼（图4-126）；这种情况多见于执模及抛光阶段，会将一些埋藏在金属表面下的细小砂眼打磨露出，一旦出现，可采用如下方法处理：

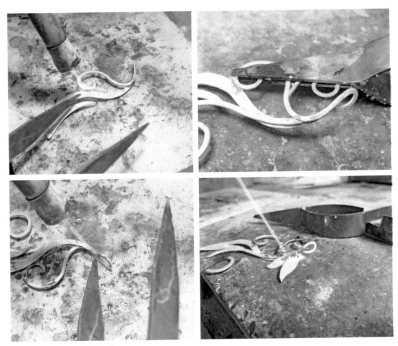

图4-121　焊接各部件

（a）镶口用银线　　（b）焊接线段　　　（c）珍珠镶口

图4-122　银线焊接

图4-123　造型初步　　　图4-124　焊接横梁

图4-125　焊接珍珠托

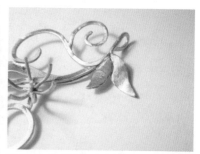

图4-126　砂眼

图4-127　补砂眼

图4-128　补齐

　　a. 砂眼若浅，可直接锉修掉。

　　b. 砂眼若面积不大，可以用钢压笔将砂眼周围的金属进行碾压填紧砂眼；也可以用废机针弯折成"Z"型，装在吊机上，对砂眼位置旋动敲打。

　　c. 砂眼面积若稍大，可采用烧焊、激光焊用焊药补回，焊药烧溶流后填满此处砂眼（图4-127、图4-128）。

　　⑬ 使用激光焊接机，将胸针配件焊接到背面恰当位置（图4-129、图4-130）。

图4-129　激光点焊

图4-130　搭扣焊接完毕

图4-131 锉修

图4-132 抛削

图4-133 开石位

图4-134 落石

⑭ 锉修及砂纸抛削（图4-131、图4-132）。

⑮ 在藤蔓顶端，用窝镶技法镶嵌上直径1.0mm圆形锆石。

a. 用1.0mm菠萝头开石位（图4-133）。

b. 落石（图4-134）。

c. 用铲针在石头台面平齐小孔内侧边缘处，挑出4粒金属钉，并压向石头台面至牢固（图4-135）。

d. 用平铲针将宝石边缘多余的金屑铲平铲顺（图4-136）。

e. 镶嵌完成（图4-137）。

图4-135 挑钉压石

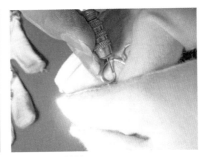

图4-136 铲边

图4-137 镶嵌完成

图4-138 作品完成

⑯ 滚筒抛光，详见第三节机械研磨与抛光。

⑰ 将珍珠粘接在插针上，并在搭扣上装好长针，完成作品（图4-138）。

五、虎字挂牌

【训练任务】

以"虎"字为主题，制作一件盾形挂件。

【训练目的】

进一步熟悉烧焊技巧；学习烧焊中点焊片技巧。

【工具与材料】

熔焊机、红柄半圆锉、镊子、金刚砂针、片状高温焊药、黄铜片。

【操作步骤】

① 在拷贝纸上绘制设计稿（图4-139）。

② 将设计稿用固定胶贴在厚1.2mm铜片上，沿造型边缘锯切（图4-140）。

③ 用尖头金刚砂针沿设计稿内部边缘线向下刻深约0.3mm槽线（图4-141）。

图4-139 拷贝纸上描出设计图

图4-140 锯切造型

图4-141　刻槽线

图4-142　锉修外缘

④ 将圈环闭合后对齐盾牌顶部，锉修造型（图4-142）。

⑤ 将环圈闭合后对齐盾牌顶部，涂上硼砂浆（图4-143）。

⑥ 大火力烧红整个盾牌及环圈，撤离火枪，迅速将焊片点在焊缝处；利用焊药趋向高温特性，再次将火焰迅速对着离焊片约5cm处的盾牌上继续大火力加热，这时焊片熔融并流满焊缝（图4-144）。

⑦ 锉修造型备用（图4-145）。

下一步制作过程请详见本章第三节表面处理（五、酸蚀；六、做旧）。

图4-143　涂硼砂浆

图4-144　点焊片

图4-145　初步完成

六、檀香袖扣

【训练任务】

袖扣制作。

【训练目的】

掌握压花技法。

【工具与材料】

檀木、砂轮机、锯弓、熔焊机、压片机、925银、半圆锉、牙针、金刚砂针、木刻刀、镂花织布、砂纸、宝石胶水。

图4-146 开料

图4-147 锯出木片

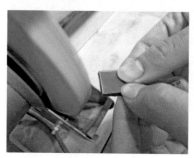

图4-148 修正边缘

图4-149 正方形木片

【操作步骤】

（1）锯切出方形檀木片

① 开料。将整块檀木锯切成厚2.0mm的木片（图4-146）。

② 锯切出15mm×15mm的方形木片（图4-147）。

③ 磨砂机抛修正边缘（图4-148、图4-149）。

（2）檀木内刻

① 在木片居中画出一个8mm×8mm的正方形。

② 沿边缘线内侧，用牙针向内雕刻约0.8mm深的凹槽（图4-150）。

图4-150 开槽

③ 用木刻刀沿凹槽，开出内凹正方形（图4-151）。

（3）包镶镶口制作

① 锯切出厚1.0mm、边长15.0mm的正方形银片及4条厚1.0mm、边长15mm×2mm的包边银条；分别将其锉修整齐（图4-152、图4-153）。

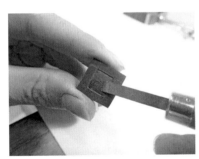

图4-151　开出内凹正方形

图4-152　锯切银片

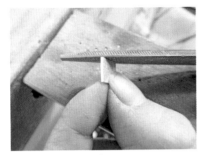

图4-153　锉修平齐

图4-154　焊接包边

② 将4条包边焊接在底片上（图4-154）。

③ 使用牙针及砂针将多余的焊药清理干净，平整包镶镶口内、外（图4-155）。

④ 将袖口夹配件焊接在镶口背面中心位置（图4-156）。

（4）银片压花　压花是指将富有纹饰的其他材质，夹在两片金属片中间，一起通过压片机，使纹饰转印到金属片上。

① 取厚1.0mm银片退火。

② 剪下一块织物，叠放在银片上；将滚轮间的距离调至正好卡住

（a）清理包镶内部

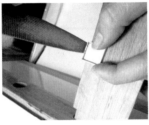

（b）修整包镶外部

（c）完成镶口

图4-155　平整包镶镶口

（a）袖扣部件

（b）焊接配件

（c）配件焊接完成

图4-156　焊接袖口夹配件

织物及银片；将两者一起送入滚压至厚0.8mm（图4-157、图4-158）。

　　③选取适合的纹理位置，从银片上锯切下一个边宽8.0mm的正方形银片并锉修工整（图4-159、图4-160）。

　　（5）执模

　　①使用宝石胶水将檀木块粘接到镶口之中，并将压花方片粘接在檀木内凹位置中。

　　②将袖扣整体造型砂磨抛削，400#~1200#砂纸砂磨直至表面平顺光亮（图4-161）。

　　（6）作品完成（图4-162）

图4-157　送压

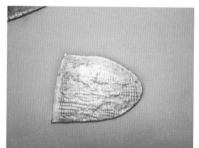

图4-158　压出纹理

图4-159　锯切银片

图4-160　带纹理银片

图4-161　砂磨抛削

图4-162　檀香袖扣

七、炫彩手镯

【训练任务】

手镯制作。

【训练目的】

掌握手镯结构；学习制作手镯的较筒及鸭利与鸭利箱。

【工具与材料】

铜片、两头索、1mm麻花钻、大锉、金刚砂针、红柄半圆锉、圆锉、拉线板、锯弓、各类锉、铜焊药、熔焊机、砂纸。

【操作步骤】

① 压制厚1.0mm、长130.0mm、宽14.0mm的铜片2个及厚1.5mm、长130.0mm的铜片1条（图4-163）。

② 画线，锉修厚1.0mm铜片成为长120.0mm、宽12.0mm的长方形（图4-164）。

③ 将厚1.5mm铜片锯切成宽1.5mm、长120.0mm的4条铜条，并锉修平齐（图4-165）。

④ 依据设计图，在厚1.0mm铜片上标画线，并锯切镂空出造型

图4-163　准备铜片

图4-164　画线

图4-165　锯切锉修铜条

（a）钻锯切孔　　　　　　（b）锯切镂空　　　　　（c）镂空造型

图4-166　锯切镂空造型

图案（图4-166）。

⑤ 压制2条厚度为0.8mm铜片，并将其锯切锉修出长120.0mm、宽12.0mm的铜片（图4-167）。

⑥ 将上下2个造型焊接组合到一起（图4-168、图4-169）。

⑦ 将步骤③所制铜条置于造型背面边沿处，端头相互平齐（图4-170、图4-171）。

⑧ 将4条铜条分别与手镯主体造型焊接组合（图4-172、图4-173）。

⑨ 用大锉将两段主体造型分别锉修工整（图4-174、图4-175）。

⑩ 使用戒指棒与坑铁将造型敲击弯曲至半圆（图4-176）。

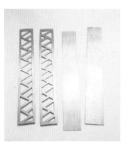

图4-167　压制衬底铜片　　图4-168　焊接组合　　图4-169　手镯外部造型

图4-170　夹层铜条　　　　　　　图4-171　对齐

图4-172　焊接

图4-173　手镯外形初步完成

图4-174　锉修侧边位

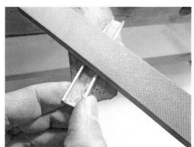

图4-175　夹层底部锉修平顺

（a）压弯

（b）压弯至半圆

（c）手镯造型初步

（d）两段手镯

图4-176　弯曲至半圆

⑪ 准备3个矩形小铜块，将其锯切并锉修至能卡入手镯端口空缺处（图4-177、图4-178）。

⑫ 分别将小铜块焊接在端口（图4-179）。

⑬ 分别将两处端口锉修工整平齐（图4-180、图4-181）。

⑭ 用记号笔在合拢的端口处标记直径2.5mm的半圆线，该圆线顶部距底部边缘1.2mm（图4-182）。

⑮ 使用适合的金刚砂针，依据半圆线将端口进行抛磨出半圆弧面（图4-183、图4-184）。

⑯ 再使用圆锉将半圆口锉修到位（图4-185）。

图4-177　锯切小铜块

图4-178　卡入端口

图4-179　焊接小铜块

图4-180　锉修端口

图4-181　封闭后端口

图4-182　标记半圆线

图4-183 抛磨半圆弧面

图4-184 半圆弧面

（a）圆锉锉修

（b）锉修圆顺

（c）半圆槽位

图4-185 锉修半圆口

⑰ 拉制出外径2.5mm、内径1.2mm的管材作为较筒（图4-186、图4-187）。

⑱ 将较筒锯切成3小段并置于半圆缺口位比对，使较筒通孔成一直线（图4-188、图4-189）。

⑲ 将2段较筒焊接于A半手镯（选择一端未焊接铜块的作为A）端口上下位置（图4-190、图4-191）。

⑳ 再将余下的较筒焊接于B半手镯端口的中间位置（图4-192、图4-193）。

图4-186 小铜管

图4-187 较筒

图4-188　锯切3段

图4-189　较筒孔对齐

图4-190　焊接较筒

图4-191　较口位置

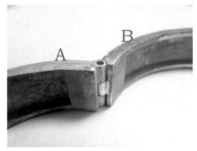

图4-192　焊接中间较筒

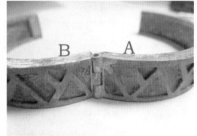

图4-193　较筒位置

㉑ 准备一条直径2.0mm的圆铜条，以及熔融出一粒直径4.5mm的铜粒；将其焊接组合成为按钮（图4-194、图4-195）。

㉒ 在A半手镯端口中心位置，使用三角锉锉出一个三角坑位（图4-196）。

㉓ 再使用适合直径的金刚砂针将该坑位打磨成直径为2.0mm的圆形（图4-197）。

㉔ 在A半手镯该端口下方焊接一片厚0.6mm的铜片（图4-198）。

㉕ 压制一个厚度为0.25mm的薄铜片，对折弯曲后成为鸭利，卡入该端口内试看是否适合（图4-199）。

图4-194 按钮部件

图4-195 组合按钮

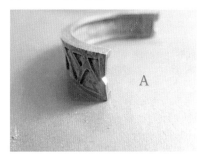

图4-196 锉出三角位

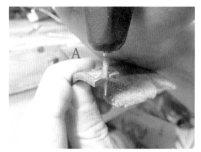

图4-197 扩圆

图4-198 焊底片

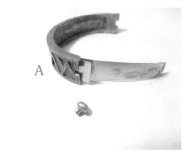

图4-199 试鸭利

㉖ 将该鸭利铜片剪短至10.0mm，与步骤㉑的按钮焊接组合（图4-200）。

㉗ 将鸭利焊接到B半手镯端口中心位置。首先将焊药烧熔流布满端口表面，再加热端口至红热状态并保持焊药的熔融状态；将薄鸭利送入火焰范围内，其立刻红热，迅速将鸭利按入熔融的焊药液中，撤枪，完成焊接（图4-201至图4-203）。

㉘ 在铰筒内插入一根直径1.2mm的圆线作为轴线（捽线），固定住A、B半手镯，将鸭利插入鸭利箱试用（图4-204、图4-205）。

㉙ 将插入铰筒的轴线两端剪短，两边仅仅露出约1.0mm，使用

图4-200 组合鸭利

图4-201 端口熔融状态焊药

图4-202 焊接鸭利

图4-203 鸭利

图4-204 较筒内插入铜线

图4-205 闭合手镯试用

锤子将其砸扁，锉修平齐，铆接住较筒（图4-206）。

㉚ 拉制一个外径2.0mm、内径0.8mm的管材，并将其锯断成2段高1.5mm的小管。

㉛ 与步骤㉑类似，制作2个直径1.5mm的小按扣（图4-207）。

㉜ 将2个小管焊接在B半手镯鸭利端口附近约4.0mm处（图4-208）。

㉝ 将小按扣焊接在A半手镯端口附近约4.0mm处（图4-209）。

㉞ 取2条直径0.8mm、长约13.0mm的铜线条，分别将其穿过B端

图4-206 敲平轴线

图4-207 小铜管与按扣

图4-208 焊接小铜管

图4-209 焊接小按扣

图4-210 穿扣线

图4-211 扣线夹成8字形

小管，然后焊接闭合线条（图4-210）。

　　㉟ 将线条用圆嘴钳夹紧中间位置，形成一个"∞"形态，作为扣链使用（图4-211）。

　　㊱ 手镯执模、抛光，将各个位置处理干净、顺滑、光亮（图4-212）。

　　㊲ 电镀。参见本章第三节电镀

　　㊳ 滴胶。参见本章第三节珐琅与滴胶。

　　㊴ 作品完成（图4-213）。

图4-212 执模光亮　　图4-213 作品完成

第二节　复制制作

上述案例都是单个首饰的独立制作，每件首饰都是独一无二的。若是这些首饰需要批量复制生产，就必须调整以上案例的制作步骤——首饰镶嵌之前，执模完成时的状态就是首版了。

首饰在生产过程中，首版一般不用接配件，如耳针、小圈、胸针搭扣、瓜子扣等。这些配件都是后期生产时焊接组合，如本章第一节中包镶耳钉。有些首版的配件或分件可以和首版一起压制（图4-214、图4-215）。

下面讲解首饰的复制制作过程，以本章第一节中爪镶嵌戒指为例。

一、首版

首版宜采用925银材质制作。925银材质硬度不太大，韧性好，

图4-214　吊坠与镶口配件（银版）　　图4-215　两节手链（铜版）

易于制作各种首饰造型。首版的制作要求最严格，首版一旦有些许问题，会导致最终的产品全部出现相同的问题。其基本要求和过程是：整体造型要准确，角度清晰；各种死角位置一定要处理干净；表面要处理平顺，不能留有任何焊缝、焊点、锉痕、砂眼等瑕疵；表面要处理平滑，无需抛光，经过800#或1200#砂纸砂磨；最后在首版上适合的位置焊接上水口线，并处理干净焊接部位就可以进入到压胶模复制程序了。

除了925银材质易于加工的特性外，选择银材的更重要的一个特性就是银不易与橡胶粘连，适宜后期的压胶模工序。为了降低成本，首版也可以用铜等其他材料制作。铜也可以压胶模，不过压出的胶模上容易产生褐色的斑纹，影响蜡模的精密度。为避免这种情况，往往将铜材及其他材料的首版通过电镀银处理后再压胶膜——不过由于只是在金属表面镀了一层薄薄的银镀层，压制后，银镀层比较容易氧化、脱落。如果要得到更干净、精细、漂亮的胶模，以及保存时间更长的首版，可以将首版镀铑后再行压制。

二、水口

1. 含义

水口也称浇道。是焊接在首版上的一条或多条金属圆线，其作用是压模后留有注蜡通道，并且也是铸造过程中蜡液流出及金属液流入的通道。

2. 水口要求

（1）**水口造型**　水口线一般采用圆形铜线条。线条与首版的焊接处要锉修圆顺。这样蜡液、金属液会以最低的阻力冲到胶模、石膏模空腔内（图4-216）。

（2）**水口位置**　一般焊接在首饰最厚的光金面上。水口焊接于首版的侧面及背面，尽量不要在首版的正面及中间安排水口（图4-217）。对于戒指类首版，戒圈内尽可能不要焊接水口，以避免出现后期工序中无法开胶模的情况。

（3）**水口数量**　若首版造型简单且体型不大，可以只用一个水口。

若首版造型复杂细节过多，或是首版造型有多个厚处，仅仅依赖一个主水口完成铸造是有风险的。这种情况就要合理增加辅助

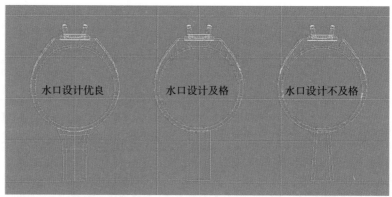

图4-216 水口造型设计图

（a）水口设计在背面　　　（b）水口设计在厚处　　　（c）水口设计在
　　　　　　　　　　　　　　　　　　　　　　　　　　　　光金位

图4-217 水口设计位置

水口（辅助水口直径一般要小于主水口），其目的在于保证蜡液与金属液流动顺畅及尽可能地加大金属液的流量，加强对细节部位的补充。同时，对于首版纤细的细节部分还可起到支撑作用（图4-218、图4-219）。

一般多水口比较常见的有双叉、三叉等形式，很多首版的配件或是分件可以用一个"Y"型水口连接在一起（图4-220）。

（4）水口尺寸　水口长度在15.0~20.0mm，一般体量的女款戒指、吊坠采用一条直径1.5~2.0mm的水口即可；体量较大的男戒用直径2.0~3.0mm的水口。

企业实际生产中，首版也可以不用焊接水口直接压制胶模（图4-221）。其水口是在开胶模的过程中，开模师凭借经验在胶模上直接切割出水口。这种水口多为方形，且不平顺。这类水口虽然不影响注蜡铸造，但圆形水口所出的首版以及铸造件质量会更高。

图4-218 两条水口

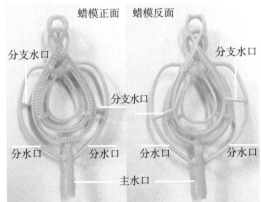

蜡模正面　蜡模反面

分支水口　　　　　　　分支水口

分支水口

分水口　　分水口　　分水口　　分水口

主水口

图4-219 多条水口

图4-220 Y型水口

图4-221 无水口首版

【训练任务】

爪镶嵌首版制作水口。

【训练目的】

掌握水口的制作。

【工具与材料】

熔焊机、焊药、镊子、焊板、800#砂纸、铜线条。

【操作步骤】

① 制作一根直径1.5mm的铜棒（图4-222）。

② 将其焊接在戒圈底部中心位置；焊接水口时，水口棒与银版的焊接处，要给足焊料，不能出现焊缝（图4-223）。

③ 焊接完毕后，将焊缝处锉修圆顺。将首版整体用砂纸抛至表面细滑，必要时可以将首版抛光处理，以获得胶模光洁的内腔。压模用首版如图4-224所示。

图4-222 首版与水口棒

图4-223 焊接组合

图4-224 压模用首版

三、压胶模

首版需要经过压胶模工序，制作出可供注蜡复制用的胶模。压胶模实质是在首版周围包裹生橡胶，经过加热加压，橡胶在一定温度下熔融，包裹并填充到首版的各个缝隙中，在这个橡胶硫化反应过程中，生胶硫化形成熟橡胶并成型。

一般而言，一件胶模每小时的出首版产量在30件左右，一件胶模的使用寿命在保养好的情况下，可以推迟胶模的硬化时间，在其使用周期内能生产千余件货。

目前首饰生产中常用的模具类型有：橡胶模、金属模、硅胶模。

橡胶模是最常用的模具，价格低，缩水较好。通常分为国产（生）橡胶与进口（生）橡胶两类（图4-225）。进口橡胶压制出的模具，其缩水较国产胶小，一些首饰细节压制清晰，在注蜡时更容易注到位，而且橡胶模更耐折，寿命较长。橡胶有不同的颜色，不同颜色并不是代表质量等级的划分，仅仅是生产厂家不同的设定缘故。有着不同颜色的橡胶，其实际使用性能是基本一样的。

金属模（图4-226），采取精密数控机床车削出金属模具，成本高。但金属模具唧蜡出的蜡模质量稳定，蜡重基本一致，字印、微小细节完全到位，特别适宜制作高要求的金货产品。

硅胶模（图4-227、图4-228），价格较高，对钉位、字印细节复制清晰，尤其是密钉蜡镶类的首饰产品特别适合。目前首饰生产中，企业多在首版周边填充高质量硅胶节约使用以降低成本。

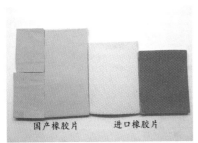

图4-225 进口、国产生胶片

图4-226 金属模

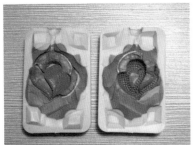

图4-227 中心填充硅胶模

图4-228 硅胶模内部细节

【训练任务】

压胶模。

【训练目的】

① 掌握胶片填压首版技法。

② 掌握压模机操作。

【工具与材料】

进口生胶片、压模机、注蜡嘴。

【操作步骤】

① 依据首饰大小选择适合的压模框,在大片橡胶片上剪下多片适合模框内径大小的橡胶片。

② 胶片上下均有保护膜。撕开胶片保护膜时切勿用手接触到胶片表面。两片胶片对齐重叠在一起时,需将两片粘贴好后再撕开另一边的保护膜。整个胶片夹层的最上、下两层的保护膜要在最后入压模框再撕去。

③ 将爪镶戒指首版平放在胶片中心位置。之后用多一块胶片垫高(图4-229、图4-230)。

④ 用另外半片胶片贴满胶膜上半部,并将爪镶镶口插入到胶片中(图4-231)。

图4-229　首版平放

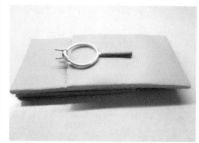

图4-230　垫高首版

图4-231　镶口下部分埋入上部胶片中

图4-232　固定水口

图4-233　剪取胶片

图4-234　覆盖在首版上

⑤ 用一小横条胶片固定住水口，避免首版移位（图4-232）。

⑥ 将一片胶片剪成如图造型，覆盖在首版上（图4-233、图4-234）。

⑦ 小块橡胶用镊子或塞或缠，密实填满镶口处的各个空隙。尤其要注意一些细小的花头或是小镶口底孔等细微之处，要用绞碎的小颗胶粒填满压实（图4-235、图4-236）。

⑧ 两层橡胶片叠放，将首版夹在中间。胶片层数取决于首版的厚度及压模框的厚度，所以中间胶片的多少是根据实际需要而定，但是一定要将首版垫平。一般情况下，首版上下至少各需垫两片胶片（图4-237、图4-238）。

⑨ 在胶片边缘，首版水口棒顶端位置处，在水口顶端套上一

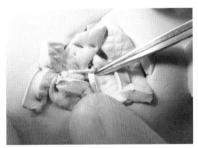

图4-235 填满小块橡胶

图4-236 覆实首版

图4-237 叠加两层胶片

图4-238 基本完成

图4-239 套上注蜡嘴

图4-240 装框

个金属注蜡嘴，以留出注蜡机注蜡嘴的喷嘴位置（图4-239）。

⑩ 首版"三明治"包好后，装入铝框中，中心部位由于首版在内，会稍微拱起。整个橡胶片的长、宽、高要将压模框填实，而且要比压模框高出2~3mm。在整个操作过程中，一定要保持胶片的清洁，尽量避免手直接接触胶片表面，以免油脂污染生胶，造成胶层粘连不紧容易脱开的情况，可以在胶片上用圆珠笔做好正反记号及相关信息（图4-240）。

⑪ 开机预热压模机，设置好最高温度。一般最佳硫化温度设定在152℃。硫化时间则取决于胶膜的厚度。生胶片一般厚度为3.2mm，以152℃进行硫化试验，大约7.5min就完成了硫化反应。而一些特别复杂精致的款型，橡胶熔融流入较为困难，需要将压制时

间延长一倍，同时温度降低10℃。由此可以类推出各种层数的胶模在152℃与142℃温度环境中所需的压制时间（表4-4）。

表4-4	各种厚度胶模压制时间参考表	单位：min
胶片层数	温度152℃所需时间	温度142℃所需时间
4	30~35	60~65
5	37~42	74~79
6	45~50	90~95
7	52~57	104~109
8	60~65	120~125
9	67~72	134~139
10	75~80	150~155

⑫ 压模机预热10min。橡胶片装入压模框，可以除去上下面的衬布。将装有胶模的压模框放置在压模机的两块加热板之间。慢慢旋紧，使上面的加热板压紧胶模，观察压模框，会发现有部分橡胶渗出，这是正常现象，如果没有这种情况反而说明胶模装填得不够紧密。约5min后再次旋紧施压，之后每隔3min压紧1次，一般重复操作两三次，直到手柄无法旋紧为止（图4-241）。

⑬ 到达预定温度，压制完成后，关闭压模机开关。待机器冷却下来，取出胶模并自然冷却到略有余温状态[图4-241（d）]。

（a）装机

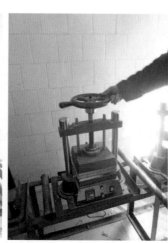

（b）加压

（c）溢出的胶

（d）压制完成

图4-241 压模

四、开胶模

开胶模是指将压制好的胶模，在带有余温状态下，使用新手术刀片，沿首版侧面将胶模割开，切割胶模，取出首版，得到橡胶空腔的工序。这个工序对开胶技术与经验有较高要求，胶模开得好坏直接影响注蜡是否顺利。

【训练任务】
开胶模。
【训练目的】
掌握开胶模技法。
【工具与材料】
胶模、手术刀柄、新刀片。
【操作步骤】

① 剪掉胶模外压制时溢出的飞边，取出注蜡嘴（图4-242）。

② 开边。

a. 从胶模注蜡嘴开始，沿着胶模侧面中线向胶模一角直线切割，刀头切进胶模3~4mm（图4-243、图4-244）。

b. 延侧面中线，逐渐转折向侧面切割过去，直至环绕胶模一周回到注蜡嘴另一边，将胶模的四边全部切开，整个过程中刀头一直切入胶模，一刀完成（图4-245）。

③ 切角定位。

a. 在胶模的端角处，略掰开一边胶模（图4-246）。

b. 刀头竖直向上从端角的一边入刀5~6mm，转折切开两个直边，形成一个直角（图4-247、图4-248）。

c. 用力掀开这个切开的直角边，刀头平行顺势切出一个平面（图4-249、图4-250）。

d. 用力掀大胶模端角，沿着切出的平面向下约45°切出一个斜面，形成一个近似三角形的定位角（图4-251、图4-252）。

图4-242 剪飞边

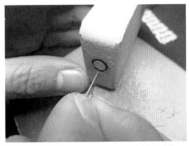

图4-243 由注蜡嘴向一角直线切割

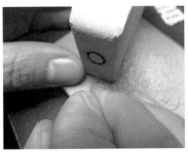

图4-244 切割到顶端

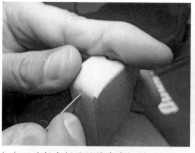

（a）刀头折向侧面继续直线切割　　　（b）切割到底

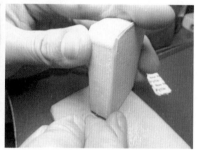

（c）转面继续切割　　　（d）切割完此侧面

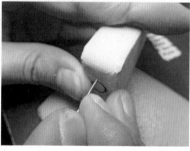

（e）刀头转向切割直至回到注蜡嘴另一侧

图4-245　刀头沿侧面中线环绕切割

图4-246　掰开胶模　　　图4-247　刀头向上切入

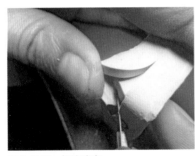

图4-248　切出直角

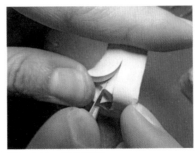

图4-249　刀头平切

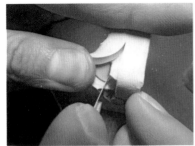

图4-250　切出平面

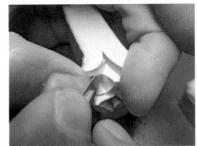

图4-251　沿切出平面向下切出斜面

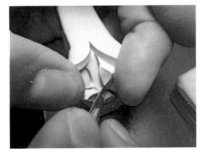

图4-252　切出斜面完成该定位卡口

图4-253　沿胶模中心线向内切割

e. 依次切出其余三个定位角，完成切角定位。

④ 开模。

a. 从水口位置用力拉开一个切好的角，用刀片沿着胶模中心线一刀一刀向内切割（图4-253、图4-254）。

b. 边切边向外拉开胶模，快切到首版时，改为用刀轻挑割开，一定不能伤及首版。露出首版后，先切首版内部再割首版周围，并顺着首版侧边逐步逐边切开（图4-255）。

c. 准确下刀，快速切割，直至将胶模一分为二（图4-256）。

d. 遇到一些精细的部位，胶粘连在金属表面的情况，一定不

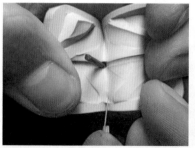

图4-254 逐步切进

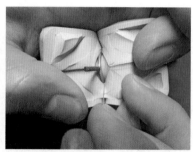

图4-255 切出首版

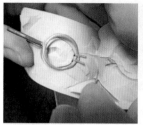

图4-256 一分为二

图4-257 挑断胶模

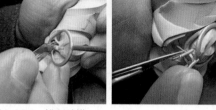

能生拉硬扯，要用刀轻轻挑断（图4-257）。

　　e. 将首版从切割好的胶模中取出，并剔除水口处多余的喷嘴胶（图4-258）。

　　⑤开底。开底是专门针对戒指及一些结构复杂、造型中角度对比大、中空的款型。这类胶模如果仅仅是对开胶模，注蜡后由于胶模与首版凹陷处犬牙交错不易取出，强行取出容易损伤蜡模，甚至无法取出。以爪镶嵌戒指开底为例：

　　a. 将胶模向外弯曲，暴露出戒指空腔，在戒指内圈边缘处，刀头竖直切入胶模，刀口接近胶模底，但是先不要切透（图4-259）。

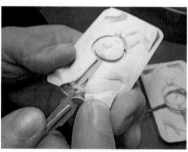

图4-258 切出注蜡嘴

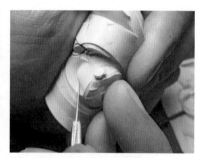

图4-259 竖直切入不要切透

b. 沿戒指内圈深深划切出整个内圆周（图4-260）。

⑥ 开抽底。配合开底出的部件，需要在胶模正面割出一个或几个分块胶模——称之为"抽底"。

a. 将胶模向内弯曲，可以在胶模背部看见刚刚切出的凹痕（图4-261）。

b. 沿此凹痕切割出半圆，半圆两端分别直切到水口形成一个球拍状切口。不能切透，深度约3mm（图4-262至图4-265）。

c. 刀头横向该球拍切口内，左右逐步将球拍长条从胶模上切割分离出来；这样就形成了一个专门负责戒指内圈的抽底模块，在注蜡后，首先拆离这类的小模块，方便首版的取出（图4-266

图4-260 沿戒指内圈划切

图4-261 背部凹痕

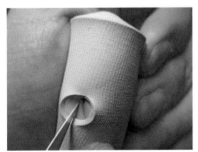

图4-262 沿凹痕下刀切透

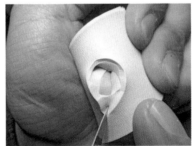

图4-263 向水口处下切

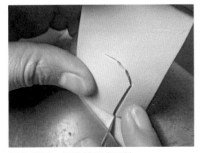

图4-264 刀头拉至水口处

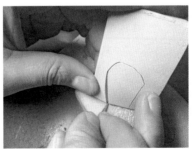

图4-265 对称切另一边

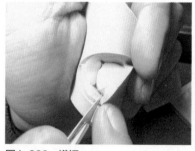

图4-266 横切

图4-267 横切至水口处

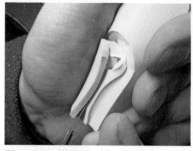

图4-268 横切另一侧

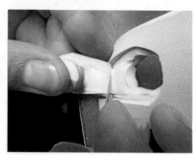

图4-269 球形处向下切

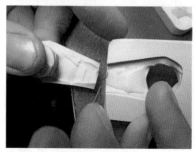

图4-270 切至水口处分离

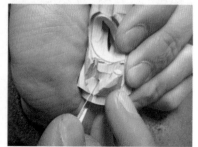

图4-271 割开镶口顶部

至图4-270)。

⑦ 开松位。刀头沿着镶爪向上，将镶口顶部割开，将镶口位置开松。这样在接下来的注蜡过程中，才能完整地取出蜡模（图4-271至图4-273)。

⑧ 开气线。在戒圈槽及镶口槽周围，用刀头插入直至槽内（不能挑断胶模），开出供注蜡时多余气体逃逸的气线（图4-274)。

⑨ 胶模完成（图4-275)。

⑩ 喷脱模剂（图4-276)。

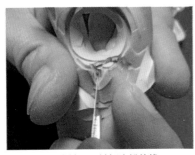

图4-272 向镶口顶端切出松位线

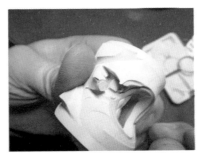

图4-273 镶口顶部松位

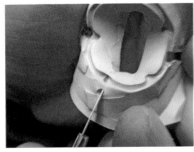

（a）刀头挑入开气线

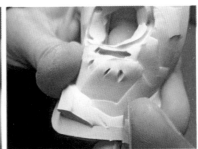

（b）气线

图4-274 开气线

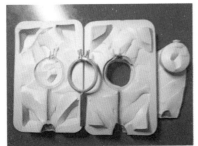

图4-275 胶模完成

图4-276 喷脱模剂

五、注蜡

注蜡机喷射出的蜡液，在胶模内冷凝成型，得到复制出的首版蜡模，这个工序称之为注蜡，行内俗称唧蜡。

目前业内常用的注蜡机主要是真空式注蜡机[①]。该注蜡机采用先将胶模抽真空后再注入蜡液的模式。人工需要将胶模用夹板夹紧

---

① 目前市场上有全自动数码注蜡机，可以更加精准地自动完成注蜡工作，提高蜡模质量。

后，水口嘴对准出蜡口，踩下踏板，操控机器喷射出蜡液填满胶模内的空腔，待冷却后取出蜡模。

【训练任务】

注蜡模。

【训练目的】

掌握注蜡机操作；掌握注蜡技法。

【工具与材料】

蜡粒、夹板、胶模。

【操作步骤】

① 注料与调温。打开注蜡机顶盖，加入缸容积1/2的新蜡粒[1]。调整温度为：缸内温度75℃，注蜡温度70℃；预热1h。

② 调压。温度到达后，不同机器的温度指示灯亮起或是颜色改变；打开真空泵及抽真空阀门，真空表开始上升；打开气泵及气压阀门，调整压力到0.5kgf/cm^2；不同的蜡模有着不同的注蜡压力与注蜡时间，需要依据经验进行判断。一般生产前多注蜡几次进行调节试验，找出最适合的注蜡参数，可以记录在胶模上，方便以后的使用。注蜡是否成功取决于气压与注蜡时间这两个参数。气压太小，会使得蜡液无力在胶模内前进；气压过大，会使得蜡液从缝隙处渗出，蜡模产生多余披峰与夹层。注蜡时间太短，蜡液输入量不足，蜡模无法完整注出；注蜡时间过长，蜡液过大，会造成溢蜡与严重的披峰（表4-5）。

将注蜡机调整为手动模式，视具体情况决定是否打开抽真空程序。

表4-5　　　　　　　　注蜡压力及时间参考表

款型	压力/（kgf/cm^2）[2]	时间/s
小件首饰的平面较多，造型简单	0.5~0.7	1
小件首饰镶口细密，造型复杂	1.0~2.0	1~2
大件首饰、造型复杂	1.5	3~4

---

① 不同颜色蜡粒代表不同物理性能，有的蜡韧性大适宜蜡镶，有的硬度强，有的缩水较小，具体各蜡粒性能及适宜何种款式可详询销售商；机内可掺入20%左右洗净的废旧蜡料，以节约成本，避免废蜡浪费。

② 1kgf/cm^2=0.098MPa

图4-277　扑粉

图4-278　夹板

③扑粉。扑粉可起到隔离的作用，便于注蜡后的脱模顺利。

粉的使用在胶模中是把双刃剑，粉少不易脱模，粉太多会造成蜡模表面粗糙。胶模在注蜡前，曲折暴露出内腔，用粉扑蘸取少量爽身粉，均匀地扑撒在胶模空腔中，吹净死角上累积的多余粉，空腔表面有薄薄一层即可（图4-277）。

新胶模使用前应该喷洒适量脱模剂。多次使用后，脱模剂消耗，或继续使用脱模剂，或可改为使用爽身粉，但是两者不能同时使用。

具体蜡粒性能参数适宜何种产品，需咨询出售商。

④注蜡。

a. 剪裁两块厚度约5.0mm、大小与胶模相似的平整板材（图4-278）。

b. 将胶模夹在中间，双手适度夹紧，力量要均匀地施加在板材上。力量大小以注蜡时蜡液不溢出为度（图4-279）。

c. 胶模水口顶牢注蜡口，脚踏开关，注蜡机注蜡指示灯由黄变绿再变黄，表示注蜡完成。或者若打开了抽真空工作模式，则真空指示灯发生变化，先完成抽真空再进行注蜡。

⑤取模。等待约3min，待胶模冷却。尽量不要在短时间内打开胶模强行取出蜡模，由于蜡模没有完全冷却，急于操作会使蜡模变形。同理，一个胶模不要在短时间内连续多次注蜡，多次注蜡后，胶模内腔热量积聚，不仅蜡模冷却速度变慢，出蜡效率变低；而且内腔会略有膨胀，从而导致注入的蜡液缩水。

a. 有抽底的蜡模要先拆除各个抽底（图4-280）。

b. 再分离附着在注蜡口上的余蜡。

c. 打开胶模，小心分开（图4-281）。

d. 略微曲折胶模，使水口蜡先行翘起分离（图4-282）。

e. 再加一边大曲折力度，一边用指甲轻挑，让蜡模逐渐从水

图4-279 注蜡

图4-280 拆抽底

图4-281 打开胶模

图4-282 翘起水口蜡

（a）蜡模沿水口蜡逐渐脱离（b）蜡模大部分脱离 （c）蜡模脱离

图4-283 脱离蜡模

口蜡脱离到蜡模中部位置。

　　f. 继续加大曲折力度，让蜡模整个暴露出各个内腔，小心取出即可（图4-283）。

　　⑥ 修整。检查蜡模，一旦出现飞边（图4-284）、断爪、塞孔、细小气泡、砂眼等小问题，需要用焊蜡机、手术刀、钢针等进行修复。如果问题较大，则属于废品，应重新注蜡。

　　蜡模整体变形，多是取出时蜡模尚未完全冷凝固定，或是拉力过大导致的。夏季温度高时可以直接用手矫正，冬季温度低时，多将蜡模泡在45℃的温水中，软化后再小心矫正。

图4-284　蜡模飞边

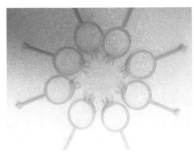

图4-285　复制蜡模

　　蜡模修整最多的是修改手寸、镶口。在蜡模上可以很方便地将手寸缩小、放大，只需要切除掉部分戒圈，再焊接回去；或是切开后在切口两端的空出的位置点上部分蜡液，凝固后修整与戒圈一致，就方便地完成了缩圈、扩圈任务。

　　最终修整完毕的蜡模可以使用棉签蘸取白电油（汽油）或是乙醇将表面擦拭干净待用。

　　⑦ 继续复制蜡模（图4-285）。

六、蜡树

　　企业批量生产中为了增加单次浇铸数量，提高生产效率，需要把单个注出的蜡模熔接种成一棵蜡树，通过一次浇铸的方式完成批量生产。具体来说就是将制作好的蜡模或者蜡镶模，逐一逐层沿圆周方向分别焊接在一根插在胶模底盘的圆形蜡芯上，最终得到一棵树状蜡模集合体（图4-286、图4-287）。

图4-286　批量生产的蜡树

图4-287　蜡镶蜡树

单个蜡模溶接到主干蜡芯上需要注意以下问题：

① 蜡模向上倾斜的熔接在蜡芯上，一般与蜡芯夹角为45°。当蜡模造型小且复杂，倾斜角度可以增大。增大的倾斜角度可以更加便于金属液的向下流动，提高浇铸成功的概率；而体积大的蜡模可适当放缓倾斜角度，因为体积大的蜡模水口蜡也比较大，金属液通过量大，冲击力也就相应增大，所以略小的倾斜角度不仅不影响金属液的通过，相反可以适当缓解浇铸时的冲击力，避免金属液冲破石膏模。采用离心铸造的情况，可适当增大倾斜角度，以更好地配合水平方向甩入的金属液。

② 蜡模围绕蜡芯层层紧密有序向下种植。要求紧密排列，但是蜡模不能彼此相接触，要保持最小间距为3mm以上（图4-288）。

③ 蜡模与蜡芯间的最小距离应为8~20mm。

④ 蜡模与蜡芯连接处要圆顺，应该以圆角平顺过渡。

⑤ 最高位蜡模低于钢铃顶端20~25mm。

⑥ 每颗蜡树尽量保证种植相似造型、厚薄差异不大的蜡模；出现体型差异较大确实需要混杂种植的情况需要合理安排蜡模位置：

a. 造型轻薄、造型复杂、细节繁多的蜡模优先安排在蜡树上端，浇铸时，蜡树上下颠倒过来，这样有利于保障蜡树上端浇铸底端的蜡模在浇铸时能够确保冲击力最大的金属液充分注入细节。

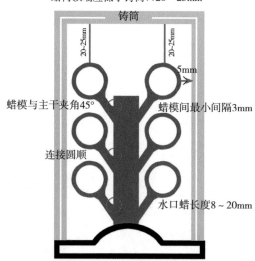

图4-288　蜡树种植示意图

b. 造型厚实的蜡模安排在蜡树下端种植。因为造型厚实的蜡模在浇铸时处于靠近石膏顶端位置，可以取得较好的散热效果，减小金属补缩对铸件带来的影响。

⑦ 浇铸时，最容易产生浇铸不足导致产品报废的部位为：

a. 较长的丝与管；

b. 面积大且薄的造型位置；

c. 开口小的孔，如1mm直径以下的石位孔；

d. 造型弯曲过于严重的造型位置；

e. 呈倒V形的锐角处；

f. 过于细小的部件，如直径在0.2mm以下的钉位。

但凡蜡模出现以上多种情况，上树前就需要视具体情况增多水口到易损部位。

在种蜡树前，应该先单独称量出底盘胶座的重量。种完蜡树后，再次称量。将两次数据相减即可得出蜡树重量。该蜡树在后续的浇铸步骤时所需金量即为：蜡重量×相应金属比率，见表4-6。

表4-6 　　　　　　　　　金蜡重量比参考表

金属	金重∶蜡重	金属	金重∶蜡重
铂金	21∶1	14K黄金	14∶1
钯金	12∶1	银、黄铜、不锈钢	10∶1
24K黄金	18∶1	铝	2.5∶1
18K黄金	16∶1		

【训练任务】

种蜡树。

【训练目的】

掌握蜡树种法。

【工具与材料】

蜡芯、爪镶蜡模、焊蜡机、电子秤、3.5in胶底。

【操作步骤】

① 称出胶底质量并记录（图4-289）。

② 将蜡芯插入胶底孔洞内，用焊蜡机将蜡芯底部熔化牢固粘接在胶底上（图4-290）。

图4-289 胶底称重

图4-290 种树干

图4-291 种单个蜡模

图4-292 蜡树完成

图4-293 蜡树称重

③ 胶底竖起倾斜摆放，用焊头在蜡树芯上烫出小孔，迅速把蜡模水口插入，保持蜡模稳定，待蜡液稍微冷凝后方可松手（图4-291）。

④ 蜡模逐一逐层对齐并沿圆周方向分别焊接，最终得到1棵树状蜡模集合体（图4-292）。

⑤ 将种好的蜡树称重（图4-293）。用这个数据减去胶底质量，得出的数乘以10就得到了浇铸所需黄铜的用量。

七、开粉

市面上针对不同金属材质的铸造，各有适宜的铸粉配方以供选择。通常浇铸金、金合金、银合金的铸粉一般使用精制烧石膏的石膏基铸粉，与水调制成注浆使用；而铂金类的铸粉则采用磷脂基并含有耐火粉剂硅，与乙醇或是磷酸及镁土混合，调制成注浆使用。所以，依据不同的浇铸材料，使用时必须挑选相应匹配的铸粉，并按照铸粉要求及配方调制成石膏浆，这个步骤称之为开粉。

以常用的K金铸粉开粉操作为例。铸粉与水按照粉（g）：水（mL）=100：38的比例进行调配（水过多，注浆稀释，得到的石膏强度不足，铸造时易爆裂；水过少，石膏单位面积内铸粉体过密，铸造出的产品表面容易粗糙），完成开粉步骤，由于石膏粉一般在9min后就会开始凝固，所以下述开粉及灌浆流程必须在9min以内完成。

【训练任务】

开粉与灌浆。

【训练目的】

掌握铸粉调制水、粉比例；掌握灌浆技巧。

【工具与材料】

抽真空机、水桶、钢铃、水、铸造粉。

【操作步骤】

① 灌浆前，钢铃可用宽胶带缠绕以避免石膏浆漏出，胶带层应高出蜡树顶层6cm左右（图4-294）。

② 将钢铃套入在胶底中，这个过程要避免碰撞到蜡模（图4-295）。

③ 将铸粉均匀撒入到水中，在2.5min内快速搅匀（图4-296）。以铸粉完全溶开，不存在粒状，浆料具备黏性为宜。

④ 将石膏浆放置在真空机真空罩内，打开振动开关，在振动状态下抽2min真空，可以观察到有大量气泡逸出（图4-297）。

⑤ 停止抽真空，撤下石膏浆，将钢铃放置在真空机振板上。

图4-294 缠胶带

图4-295 套入钢铃

图4-296 撒入铸粉并快速搅匀

图4-297 铸浆抽真空

图4-298 注入钢铃

图4-299　钢铃抽真空

图4-300　静置待干

图4-301　真空石膏机

图4-302　真空机内放置蜡树

⑥ 小心将石膏浆沿壁灌注到钢铃中，避免石膏浆直接倒在蜡树上。石膏浆把蜡树埋没后，继续注浆，高出蜡树顶端2cm以上即可（图4-298）。

⑦ 打开真空开关，继续抽真空3~5min（图4-299）。

⑧ 灌浆后的钢铃，待石膏凝固后拆除掉胶底及胶带，蜡树朝上，放置在阴凉的地方最少静置2h（图4-300）。静置时间长其凝固更佳，时间允许的情况下可以静置12h，但尽量不要超过24h。静置时尽量不要移动钢铃，以免石膏浆固化过程中在蜡模接触面产生翘片或裂纹。

目前，企业会采用新型的真空注浆机（开粉机）使这种操作变得更加方便，其集投料、搅拌、注浆为一体，而且全程均在真空环境内完成，使石膏模质量大为提高（图4-301、图4-302）。

八、除蜡

依据不同条件，除蜡的方式有两种。一种是直接入焙烧炉焙烧，在升温过程中将蜡模熔化，烧失；另一种是采用蒸汽脱蜡机除蜡——在焙烧前，将钢铃倒置，水口朝下，放置在脱蜡机内，打开机器，设定温度及时间。除蜡机采用水蒸气加温的方式，将石膏模内的蜡模液化并流出。一般蒸汽脱蜡时间不宜超过60min，时间过长会使得水汽侵入石膏体内造成水渍斑纹。相较直接入炉的方式，预先处理过的石膏模，在后期焙烧时，污染小，脱蜡更彻底。

九、焙烧

焙烧目的主要是：

1. 烧结石膏，使得石膏模具有足够的强度

针对不同浇灌金属材质会有不同类型的铸粉与不同的烧结温度，如铂金铸粉烧结温度最高可达950~1000℃。足金、K金、银、铜类的铸粉烧结温度要控制在750℃以下。若是超过规定的铸造温度，会产生石膏的热分解效应，所以焙烧最高温阶段时，都应该适依据不同类型铸粉的最高烧结温度适当降低（图4-303）。

图4-303 焙烧

2. 烧除空腔内残蜡，提高铸造件表面质量

在焙烧升温阶段，石膏模内大部分蜡模会逐步熔化流出。但是精细的小死角等部位的蜡液就不太容易流出，会停留在石膏模内，形成残余的炭迹附着在石膏表面。若是焙烧不彻底，在浇注时，这些炭迹就会极大地影响浇铸件的表面质量。所以，在升温阶段要注意控制速度，缓慢升温，让蜡液充分烧失。另外，可以在保温阶段加强空气流通，加速炭迹的去除。

3. 让石膏模达到适合的浇铸温度

依据不同款型、厚薄及复杂程度的蜡模产品，合理调整焙烧升温制度，让石膏模烧结后降温达到适合的浇铸温度。原则上款型约细致、复杂、轻薄的蜡模钢铃铸造温度应该在基础铸造温度上相

应提升，如表4-7中黄铜的基础铸造温度为650℃，可以降温达到680~700℃时开始浇铸；与此相反，大件厚实的蜡模，如体型较大的男戒，其铸造温度也需相应降低，可以控制在550~600℃时进行浇铸。

表4-7　　　　　铸造石膏模焙烧升温参考表

阶段	编号	最高温度 /℃	时间 /min	升温幅度 / (℃/h)	备注（焙烧炉）
升温（除石膏内自然水、除蜡）	1	180	80	125	炉门半开，有利于水分的快速排出；铸模中的蜡开始逐渐熔化，从水口流出；
保温	2	180	60		炉门开1/4
升温（除石膏内结晶水、除蜡）	3	350	80	135	关闭炉门，顶部排气孔全开，令水分排出顺畅
保温	4	350	90		
高温（烧结、除蜡）	5	730（铂金：950；足金、K金、银、铜：730）	128	175	脱蜡临界点温度为572℃。700℃后，通过炉门观察孔，伸入一根送气管。吹入1h空气，加强炉内空气流通，有利于消除石膏模内的残留碳迹（普通焙烧炉适用）。
保温	6	730	180		
降温（准备铸造）	7	650（铂金：800；18K~14K：金：620~650；银：630；黄铜：650；不锈钢：900）	90		1. 如果铸造不是全自动一体铸造设备，要在铸造温度基础上上浮5~10℃，留出钢铃在取出及安装在其他铸造上温度下降的空间；2. 铸造温度仅供参考，不同款型的蜡模以及浇注材料决定了铸造温度需要有所调整

【训练任务】
焙烧3.5in钢铃。
【训练目的】
掌握焙烧升温制度。
【工具与材料】
焙烧炉、钢铃钳。
【操作步骤】
① 将钢铃浇铸水口朝下放入炉内，方便蜡液的流出。
② 在焙烧炉控制器上设定适合的升温阶段。
③ 开始焙烧。

十、铸造

　　首饰的铸造是一个关键步骤。一台性能优异的铸造设备能够提高铸造质量，减少铸件的砂眼和表面的不光滑现象。目前，研发的首饰铸造设备质量各异，款型很多，有各种档次以适合不同类型的生产企业。但就铸造原理而言，主要是静力铸造与离心铸造两类。

　　静力铸造是在真空状态下采取加压的方式将熔融状态的金属液注入石膏模空腔内完成（常见金属熔化温度见表4-8）。目前较为先进的技术是采用数码全自动真空加压铸造一体机（图4-304），在铸造时还可以向设备内的铸造室注入惰性气体，使金属在机器内的熔炼与浇铸温度不仅精确而且充分避免金属氧化，很大程度上避免了砂眼等铸造瑕疵的出现。

（a）外观

（b）熔金室（上方）与铸造室（下方）

图4-304　全自动真空加压铸造机

离心铸造的原理是将熔融状态的金属液在高速旋转过程中甩进石膏模空腔完成铸造。尤其适宜铂金类产品，以及一些细小复杂的款型。

表4-8　　　　　　　　　常见金属熔化温度表

金属	熔化温度/℃	金属	熔化温度/℃
铂金	1770~1850	14K黄金	900~1000
钯金	1450~1550	银	950~1050
24K黄金	1000~1200	黄铜	950~1050
18K铂金	1025~1125	不锈钢	1500~1600
18K黄金	940~1040	铝	750~800
14K铂金	1150~1250		

下面以手动吸索机采用吸索铸造为例，说明铸造操作步骤。

【训练任务】
黄铜铸造。
【训练目的】
掌握手动吸索铸造流程；掌握熔金机熔金与浇铸配合。
【工具与材料】
高频熔金机、石墨坩埚、石英棒、坩埚钳、钢铃钳、铜粒、硼砂。
【操作步骤】
① 石墨坩埚内放入称量好的铜粒，放入熔金机顶部的感应槽；打开水泵，启动高频熔金机预热3min后逐步调大加温参数，让坩埚缓慢升温。

② 升温过程中为了避免氧化，可以用耐火板覆盖坩埚尽量隔离氧气；观察铜粒变化，开始熔融时使用石英棒略搅拌并加入硼砂约2g（图4-305、图4-306）。

③ 当铜粒完全熔融时，使用石英棒继续搅拌金属液，并将浮在金属液上方的杂质捞出。处理完成后，迅速将钢铃从焙烧炉中夹出，放置在浇铸室内（图4-307、图4-308）。

④ 打开抽真空开关，同时将装有已完全熔融铜液的坩埚迅速夹到水口上方；对准石膏水口，一气呵成地将金水全部倒入水口

图4-305　熔金

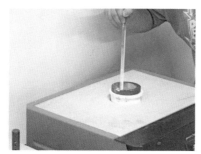

图4-306　搅拌

图4-307　焙烧完成

图4-308　放入浇铸室内

（图4-309）。

⑤关闭吸索机，待顶部水口金属凝固后，缓慢打开放气阀门开关，取出钢铃降温，夏季降温约15~20min，冬季降温约10~15min（图4-310）。

（a）浇铸
图4-309　浇铸

（b）倒入所有金属液

（c）浇铸结束

图4-310　降温

十一、除铸粉

【训练任务】

清除钢铃内石膏体。

【训练目的】

掌握判断爆粉时机与方法。

【工具与材料】

高频熔金机、石墨坩埚、石英棒、坩埚钳、钢铃钳、铜粒。

【操作步骤】

① 待钢铃冷却到适当温度（需15~25min）——观察水口处金树底部，待其从亮红状态逐渐冷，亮度降低，变成类似退火后期的微红状态，即可用液压脱石膏模机将石膏推出（图4-311），若没有脱模机，直接进入步骤②。

② 钢铃钳夹牢石膏（钢铃），浸入到冷水中，不断上下左右搅动，石膏模在急速的冷缩过程中自行猛烈爆裂，金树与石膏脱离（图4-312）。注意，蜡镶类产品不能如此操作，宝石容易在急剧的冷缩状态下损毁，应使用脱模机将石膏模从钢铃内推出冷却后，使用高压水枪冲去多余石膏。

③ 除完铸粉后的金树可采用高压水枪冲洗干净残留石膏，水枪冲洗时压力较大，注意控制水冲击角度，避免首饰严重变形。

若留有顽固难以清除的石膏可浸泡在稀氢氟酸中，利用氢氟酸对含硅物体的强腐蚀性，将石膏转化成稀泥状态，再取出冲洗干净即可，氢氟酸浓度与浸泡时间见表4-9。

表4-9	氢氟酸浓度与浸泡时间	
金属材料	酸含量/%	浸泡时间/min
K金、纯金、银	20	20
铂金	55	60
铜	5	15

注：氢氟酸属于高危害度毒物，对人体具有相当大的危害性，不建议教学使用。储存时必须使用塑料容器密封妥善保管。

④ 金树完成（图4-313）。

十二、单件铸造

图4-311 推离石膏

图4-312 炸石膏

图4-313 爪镶戒指金树

图4-314 首饰石膏模具

单件蜡模的制作，其原理及过程与批量种树一样。单件蜡模制作主要适用于小型工作室的少量制作。目前也有现成的首饰石膏模具出售，小型打金工作室可以直接购买使用（图4-314）。但是这种模具无法采取浇铸的方式铸造，是采用油泥作为压制工具，当金属熔融后直接将金属液压入水口完成浇铸的方法。由于其过程中的不可预知性，其成功率较机械浇铸低，需要多加练习，充分掌握压制经验。

下面以第一节案例三包镶耳钉所需的"胡萝卜"部件浇铸为例，说明单件蜡模浇铸的操作步骤。

【训练任务】

造型雕蜡；单件蜡模浇铸。

【训练目的】

掌握单件蜡模铸造的整体过程；重点掌握油泥压制方法。

【工具与材料】

首饰雕刻用硬蜡、电烙铁、雕刻刀、蜡锉、油泥[①]、小胶底[②]、小钢铃、铸粉、清水、熔焊机、纯银块。

---

① 油泥属于牙科材料；倘若购买不到，可以用一个搪瓷小杯，里面填满压实卫生纸。待干结后，临使用时再注入适量清水。

② 如果没有此类专业小胶底，可以用橡皮泥堆成这种造型。

【操作步骤】

① 称量并记录小胶底重量。

② 用雕刻刀在硬蜡上雕出萝卜根部的大体形状（图4-315）。

③ 用电烙铁熔蜡，堆积出茎部叶的形状（图4-316）。

④ 修整后完成蜡模[1]（图4-317）。

⑤ 将蜡模接好水口，插在小胶底上（图4-318）；整体称重后，计算蜡模所需金重。

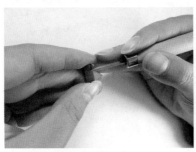

图4-315 雕出胡萝卜主体型

（a）堆出茎部 （b）修整茎部

图4-316 制作茎部

图4-317 胡萝卜蜡模 图4-318 小蜡树

---

[1] 具体蜡模制作技法可参见《首饰雕蜡技法》，中国轻工业出版社。

图4-319　油泥、银料、石膏模

图4-320　加温熔银

图4-321　熔融

图4-322　压制油泥

图4-323　银萝卜

⑤ 锯切出一个适合直径的不锈钢管作为小钢铃使用，将钢铃套在胶底上。

⑥ 将调制好的石膏浆灌入钢铃内，凝固待用。

⑦ 入焗炉烧制。

⑧ 焙烧完成后，取出冷却至室温备用。

⑨ 将适量的银块放置于小钢铃顶部，准备好油泥（图4-319）。

⑩ 同时打开三部熔焊机进行熔银。其中一台熔焊机主要负责环绕钢铃对石膏体进行加温（图4-320、图4-321）。

⑪ 当银料熔化成水银状态时，迅速将油泥大力垂直压下，同时撤离火枪（图4-322）。

⑫ 冲洗干净石膏，取出铸件（图4-323）。

第三节　表面处理

一件首饰不仅仅是造型优美，首饰表面的美观与否更能展示作品的形式美感。其处理方式方法多样，种类繁多，形成了独特的专业领域。如錾花、珐琅工艺这种原本是表面装饰的技法经过不断发展，形成了独一的风格和产品体系。常用的表面处理装饰手法如下：a. 减缺类：丝光、喷沙、酸蚀、雕刻等；

b. 增加类：电镀、珐琅、滴胶、金珠粒；

c. 造型类：錾花、压花；

d. 改色类：木纹、电化学染色、做旧等。

本节重点介绍常用金属表面处理方法及技能。

一、打磨抛光

首饰在制作、执模的过程中，不断接受焊接、酸洗、打磨、镶嵌等环节的磨炼。金属表面从黯淡无光逐步变得光滑细腻，可是尚未达到明可鉴人的闪亮效果，所以要对首饰进行抛光处理，直至金属表面产生镜面效果，提升表面光亮度到最理想状态。打磨抛光是各种抛光方法中最重要的一种，其处理后的金属表面光亮度最佳，是常用的表面处理方法之一，更是电镀前必须进行的金属表面光亮处理步骤。

打磨抛光，业内俗称车摩打。是通过沾有抛光蜡的抛光轮，在高速旋转过程中，首饰表面与抛光轮接触，形成局部高温，这时熔融状态的抛光蜡中的细质研磨颗粒与金属表面产生高温摩擦。这种摩擦力使金属表面发生塑性变形，细微突出部受到挤压填入到凹位处，形成镜面反射效果。使首饰表面出现明亮照人的光洁效果，才能够进行下一步的电镀处理。

打磨抛光通常由粗抛、中抛、细抛循序完成一个完整的抛光过程。所谓细、中抛光就是按照粗抛光的方法进行操作，将首饰从头到尾重抛光一遍。不同生产企业由于产品要求不同，一般非贵金属类产品如银、铜等材质的产品完成粗抛、中抛即可达到出货标准。对于足铂金和K金的首饰，由于材质贵重且细腻，可跳过粗抛，直接进行中、细抛光。

抛光顺序为：拉线→扫底（毛扫）→抛戒指内圈（戒指绒芯）→扫花头（毛扫）→拍飞碟（飞碟机）→抛黄布轮（粗抛）→抛白布轮（细抛）→抛羊绒轮（精抛）。

1. 抛光设备

针对不同的款型可以选用不同的抛光设备；常用的有布轮抛光机、飞碟机以及吊机。部分生产规范、管理严格的首饰企业，不同的抛光环节的岗位设置均是专机配专用轮、专用蜡，专人操作，使分工更细致，免除了频繁更换布轮的琐碎，提高了工作效率，产品容易达到光亮相仿、厚薄一致的标准品质。

布轮抛光机多半是带有电机、金属转轴、玻璃防护罩及吸尘、排风、回收系统构成的吸尘电动抛光机（图4-324）。抛光中不可避免地会抛削掉金属的部分表层，这些金属微粒可以通过吸尘回收系统回收贵金属粉尘，减少金属损耗。

布轮抛光机的金属转轴是用来安装不同抛光轮的，抛光轮垂直旋转，针对不同的首饰部位进行抛光。整体而言，布轮抛光机是适用面广、抛光范围大的最主要的机械抛光设备。下面一一介绍各种抛光轮。

（1）**布轮** 抛光轮从材质上可分为毛扫轮、黄布轮、白布轮、羊毛轮、细棉绒轮、麻布轮等。此外，还有如不锈钢丝轮、塑料丝轮等制作拉丝效果的特别材质的抛轮。这类布轮在初次使用前，一般用小火烧去布轮边缘多余的线头，安装在转轴开动后，用磨石平行顶住布轮表面，打磨平整布轮表面。

① 毛扫轮。采用硬且弹力十足的鬃毛制作。依据鬃毛的排布，有单排、双排、多排等形式，一般圆盘由木芯制成；也有采用塑料材质制成的塑料毛扫，适宜多种金属。抛光时，毛扫可以轻易地探入首饰的夹角缝隙、花纹花头、镶口镶

图4-324 吸尘布轮抛光机

爪、首饰反面掏底位置等死角进行抛光。一般用于粗、中抛（图4-325）。

② 黄布轮。选用质地较硬的棉布多层多片缝制而成。由于质地较硬，适宜对多种金属表面进行粗、中抛光（图4-326）。

③ 白布轮。选用棉布质地较黄布轮偏软，适宜对多种金属表面进行细抛光。

④ 羊毛轮、细棉绒轮。选用软软的羊毛或细棉绒制成，抛光时着力轻，一般适宜对K金、铂金等贵金属进行最后一道精抛光（图4-327、图4-328）。

⑤ 麻布轮。由粗糙厚重的麻布制成，抛削力度大，一般针对不锈钢类首饰粗、中抛光（图4-329）。

此外，还有安装在吊机上使用的小黄布轮、白布轮、棉绒轮等。这些小布轮用于抛光一些特别小巧精致的首饰，以及弥补大抛光轮无法触及的夹角、缝隙、掏底位置等狭小内凹部位（图4-330）。

图4-325 毛扫轮

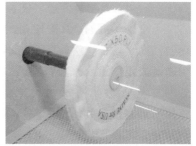

图4-326 黄布轮

图4-327 羊毛轮

图4-328 棉绒轮

⑥ 戒指绒芯。木质锥状，外裹棉绒，用于抛光戒指内圈。一些更大型号的用以抛光手镯等大型首饰的内圈（图4-331）。

（2）飞碟机 配合专用的飞碟盘使用。其原理与布轮机一致，金属转轴是竖直并向前略微倾斜，适合操作者操作。飞碟盘安装在金属轴上，水平转动，主要针对首饰的边、角及大面积平面细磨抛光（图4-332）。

飞碟盘是用羊绒压制而成的圆盘，底部为平面，正面为斜面，整体呈圆梯形。为了方便操作时的观察，圆盘开有四条缺口槽。一般有4种不同硬度的飞碟盘供选用，分别是特硬、较硬、中硬、微硬；大小型号有大、中、小3种，常用的是6in盘（图4-333、图4-334）。

飞碟盘在初次使用前，转动后用磨石平行顶住飞碟盘底部表面，打磨平整布轮表面。在使用过程中，当出现底部磨损不平的情况时，也采用这种方法平整飞碟盘底面。

（3）抛光蜡 抛光蜡一般铸成锭状，部分高端蜡会制成棒状。依据其中研磨材质的不同，分成不同的颜色进行区分。由于抛光蜡生产厂商众多，各个厂商生产的抛光蜡颜色不一、用途各异，不能仅仅依据下文所介绍的颜色来判断蜡的性能和用途，请购买时务必咨询销售人员（图4-335）。

① 粗蜡。白色。这种蜡主要成分是油脂，故而手感较腻。其中的研磨材质为较粗的含铬氧化物，起到将金属表面初步研磨光洁的作用，是首饰的第一遍抛光用蜡，用于毛扫、黄布轮、戒指绒芯、飞碟盘。

② 中蜡。绿色。这种蜡由硬脂酸、硬化油、氧化铬、氧化铝等组成，是首饰的第二遍抛光用蜡，其中较细的研磨材料既能研磨又能擦亮金属表面。用于毛扫、白布轮、戒指绒芯、飞碟盘。

③ 细蜡。红色、黄色或蓝色。这种蜡属于高

图4-329 麻布轮

图4-330 各类小布轮

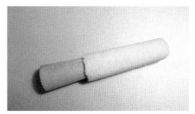

图4-331 戒指绒芯

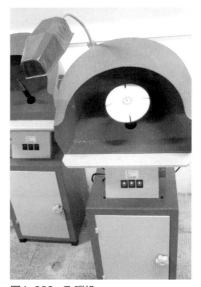

图4-332 飞碟机

图4-333　飞碟盘

图4-334　飞碟抛光

图4-335　各种规格抛光蜡

图4-336　精抛细蜡

端用蜡，多制为条棒状，分量少，价格高。研磨材质是非常细腻的含铁氧化物，用于贵金属最后一道精细抛光工序，打磨平金属表面最细微的凹凸起伏，起到擦亮出高光的效果，损耗金属少。用于白布轮、羊绒布轮、戒指绒芯、飞碟盘（图4-336）。

　　2. 抛光机安全操作须知

　　① 长发、袖口要扎起，手链、手表要除下。抛光机开动后，布轮处于高速旋转状态，启动吸尘系统后会产生负压吸引，长发一旦被卷入是非常危险的事情。

　　② 布轮抛光会产生高热，应该佩戴手套或是手指套（图4-337）。

　　③ 布轮旋转会产生较大的牵引力，一定要抓紧首饰，注意力要高度集中。

　　④ 链条类产品的抛光与其他类产品抛光方法不同，必须将链条绕在一平木板上，固定紧两端，送入布轮机抛光。这种抛光方法能避免链条卷入滚动轴。同样一些不方便握住，小而平类型的首饰也可以用这种方法（图4-338）。

图4-337　戴指套

图4-338　链条抛光

3. 抛光方法

（1）**抛前检查**　抛光前应该仔细检查首饰是否有断爪、松石，整体是否有断裂现象等不宜抛光的质量问题。根据首饰的款式、造型、材质来确定抛光的工序与蜡材。

（2）**上蜡**　将布轮（毛扫）看作一个表盘，在4、5点方向的布轮边缘就是最佳的抛光及上蜡位置。上蜡时，开动电机，使蜡锭轻轻接触布轮（毛扫、绒芯、飞碟），保证均匀，蜡量适中，一般接触时间在1～2s。蜡上得太多，反而会因摩擦产生高温熔化，在首饰表面形成黑色的斑块，掩盖住金属表面的瑕疵，反而无益于这些地方的抛光。所以抛光蜡并不是上得越多抛得越亮。

（3）**飞碟抛光**　开动机器后，将首饰的平面从飞碟盘的外侧慢慢贴紧，并向内匀速推进，并且可以不断旋转、来回移动抛光面进行找平。

（4）**抛戒指内圈**　戒指抛光一般先抛内圈再抛外部。抛光时可以用厚叠起的纸张，包裹足戒指外圈，夹紧。开机后，将戒圈对准绒芯缓缓套进，在绒芯上来回移动抛光。抛光时要注意绒芯棒与戒圈的接触面，也就是戒指不能套入绒芯棒太深，保持抛光接触面是内圈弧的1/3。抛光接触面太小，工作效率低；接触面太大，变换抛光位很不方便，再者，由于摩擦阻力大，难以拿稳要抛光的首饰，使得首饰在巨大的牵引力作用下旋飞出去，损坏宝石戒面或在首饰出现凹坑。

（5）**车毛扫**　握紧首饰，让毛扫扫向首饰的镶口、花头、夹层等缝隙夹角部位。正面扫完后，反过来让毛扫扫一下首饰反面以及掏底的内凹部位。毛扫用旧后，鬃毛变短，反而抛光有力。所以严格来说，一般可以按照毛扫鬃毛长短依次从长毛扫、中毛扫、短毛扫逐一扫一遍，达到扫除到位，打磨有力的效果。

（6）**车黄布轮**　抛光时，握紧首饰，抛光面与布轮平行，按压

图4-339 单独放置

力度适中。压力太大会造成过度抛削，使得首饰造型角度发生变化，直至直接抛平表面的细致花纹，造成极高的金属损耗；太小会使抛光蜡抛削无力，反而容易黏附到首饰表面。抛光时，一边匀速匀力移动首饰，尽量一次将首饰全部表面抛光完全，避免长时间反复抛光一个部位，使金属表面出现下陷，造成抛削不均的情况。

（7）**车白布轮** 白布轮中、精抛时，用力要小且匀，必须完整地将首饰表面抛光一遍。

4. 抛光注意事项

① 某些质地柔软韧性大的金属（如铂金、K金等），由于金属柔软，抛光起来布轮会有滞留的情况，很难一次抛光到位，就要进行多次的中抛光处理。

② 由于打磨抛光造成一定的金属损耗，黄金首饰一般不采用这类抛光方式，多采用人工压光或滚筒、磁针等机械设备进行无损抛光。

③ 铸造类首饰在铸造过程中时常会出现砂眼类的铸造缺陷。这些细小的砂眼往往随机分布在铸件内外。抛光时会将掩蔽在金属表层下的砂眼抛削出来。这时就必须返工焊补、锉修处理掉砂眼，再重新进行抛光。

④ 抛光后，首饰应该小心放置在配有内衬、独立空间的专用托盘内，取放应该佩戴手套进行，要避免相互碰撞造成新的表面划痕（图4-339）。

【训练任务一】

心型吊坠抛光。

【训练目的】

掌握吊机配合小布轮及拉线等抛光处理技法。

【工具与材料】

青蜡、小毛扫、黄布轮、棉线。

【操作步骤】

① 拉线抛光。

拉线是一种处理镶口内侧、夹层以及复杂的镂空内壁的方法。将一条棉绳一头固定，用抛光蜡在绳上来回拉蹭，涂上适量的抛光蜡。把需要抛光的部位穿在绳上，拉紧绳子，一手来回拉动首饰进行抛光。

图4-340　棉线上蜡

图4-341　拉线抛光

图4-342　小毛扫上蜡

图4-343　扫死角

　　a. 棉线一端固定，另一端用手拉紧，用青蜡在绷直的棉线上来回摩擦，给棉线上蜡（图4-340）。

　　b. 将棉线穿过吊坠各个夹层部位，拉紧棉线后，将吊坠快速在棉线上来回拉动，对夹层部位进行抛光（图4-341）。

　　② 毛扫抛光。开动吊机，小毛扫轮在青蜡上打蜡；用小毛扫先将吊坠的各个部位，尤其是一些夹层死角位置轻轻扫一遍（图4-342、图4-343）。

　　③ 把一根金刚砂针装入吊机后，轻轻旋动，在针头裹紧少许医用脱脂棉，制作成小的抛光头；点蜡后，可以抛光一些难处理的位置（图4-344）。

（a）金刚砂针与脱脂棉

（b）上蜡

（c）抛光凹位

图4-344　自制小抛光头

图4-345　小黄布轮抛光

图4-346　拉线抛光

图4-347　抛光凹位

图4-348　过毛扫

④ 黄布轮抛光　黄布轮上蜡后，在吊坠的各个面进行抛光处理（图4-345）。

该抛光步骤完成后，清洗干净可以进入电镀处理工序。

【训练任务二】

爪镶戒指抛光。

【训练目的】

掌握抛光机、飞碟机的抛光处理技法。

【工具与材料】

青蜡、红蜡、抛光机、飞碟机、黄布轮、白布轮、戒指绒芯、硬飞碟盘、金刚砂针、医用脱脂棉。

【操作步骤】

① 使用棉线对戒指的内壁等位置进行拉线抛光（图4-346）。

② 用金刚砂针制作小抛光头点蜡后，抛光一些难处理的位置（图4-347）。

③ 在抛光机上先使用毛扫配合青蜡处理一遍，重点扫镶口夹层、镶爪及底部；抛光过程中可以佩戴手套以避免抛光时金属发热烫手（图4-348）。

图4-349　抛戒指内圈

图4-350　抛戒圈两边

图4-351　过黄布轮

图4-352　上红蜡

图4-353　抛出高光

④ 用硬纸包裹紧戒指，套进戒指绒芯，抛戒指内圈（图4-349）。

⑤ 抓紧戒指，在飞碟机上抛戒圈外侧两边（图4-350）。

⑥ 用黄布轮点取青蜡对戒指外圈及其他光金面进行抛光处理（图4-351）。

⑦ 用吊机配合小绒棒点取红蜡，仔细对戒指各个面进行细抛，使作品高光更加细腻、透亮（图4-352、图4-353）。

二、研磨与抛光

1. 机械研磨与抛光

首饰在主体结构制作完成后，主要的制作力量都集中在对工件的光亮化处理上，这耗费了大量的工时，并造成损耗。而且现代首饰设计越发精致，结构复杂，多少存在一些人工难以打磨处理到的位置。传统生产中，每件产品都需要逐一手工执模、抛光处理，使这一工序的效率很难有大的提升，且打磨抛光会造成一定的金属损耗。为了提升效率，降低用工成本，降低金属损耗与提高回收率，越来越多的首饰企业青睐机械研磨、抛光设备，以此辅助甚至取代人工对产品进行研磨及抛光处理。机械研磨、抛光出的首饰虽然在精细程度上相较人工打磨抛光还是有一定的差距，而且对产品款式的有一定的要求，但是采用机械研磨、抛光的产品都能达到不错的光亮度，而且可以360°全方位、无死角地研磨；同时，金属损耗较小，回收方便。通过各种研磨设备，逐级精细研磨后，再投入抛光设备中，最后得到的首饰产品表面光亮，基本达到下一步电镀的质量要求（表4-10、表4-11）。

实践证明，机械研磨、抛光能够替代人工执磨与抛光工作，分担了部分人工工作量。首饰在这类机械设备中经过研磨与抛光可以获得很好的表面效果。在研磨取出工件后，人工只需介入处理研磨效果稍差的局部复杂部位即可；通过抛光设备后，工件光亮度比较到位，人工辅以白布轮抛光，作为补充工序，稍微亮光即可，这使首饰在大量生产过程中的执模与抛光两个工序的处理工作量大为减少。

表4-10　　　　　　　　　　常用研磨设备介绍

设备名称	工作原理	适合款型	研磨料	干/湿研磨	操作事项	处理时长	备注
振桶（图4-354）	在振桶上下振动过程中，桶内加入的胶粒与研磨液混合在水中对金属表面冲击研磨	各类款型	研磨胶粒针对银、铜、K金（图4-357）；研磨棕刚玉针对不锈钢	湿研磨，需加入一定量清水混合研磨料（图4-358）及抛光液	50L容量的振桶视产品款型大小，一次可投入处理3~4kg的产品	10h以上，较为耗时	该设备处理速度慢，耗时长，对工件细节部位的损伤不会太大，蜡镶类产品可以使用
涡流研磨机（图4-355、图4-356）	其工作方式类似于波轮洗衣机。研磨桶桶壁固定不动，底盘以4200r/min的速度带动下，工件与磨料在桶内产生漩涡状流动，并与桶壁面上的条纹充分摩擦，达到粗磨、倒角、除污及抛光的效果	小型产品（手镯类的大件产品不宜）			视机器款型大小，一次可投入处理3~4kg的产品	1~2h	该设备处理速度快，可逐步换用320#、600#、800#、1200#型号胶粒进行逐级研磨。不适宜研磨有细小钉、爪位蜡镶类产品

图4-354　振桶

（a）外观

（b）研磨桶

图4-355　湿式涡流研磨机

图4-356　小型振桶涡流研磨一体机

（a）圆锥形研磨介质

（b）三角形研磨介质

图4-357　研磨胶粒

图4-358　研磨膏

表4-11　　　　　　　　　　　　常用抛光设备介绍

设备名称	工作原理	适合款型	抛光料	干/湿研磨	操作事项	处理时长	备注
滚筒抛光机（图4-359）	滚筒在旋转过程中，带动筒内的不锈钢粒与首饰一起上下翻滚，以产生的摩擦挤压力来平整光亮金属表面	各种款型	各种造型的不锈钢粒	湿研磨，需加入一定量清水混合抛光料及抛光液	桶内混合加入首饰工件以及各种款型的不锈钢粒（圆珠、飞碟、圆柱、尖柱、椭圆珠等），占据滚筒体积1/2。加入10~20克抛光液或抛光粉、防锈粉，加入清水没过所有物件3cm即可	银及K金30~60min（采用中、慢速）	该设备处理表面易有挤压痕

续表

设备名称	工作原理	适合款型	抛光料	干/湿研磨	操作事项	处理时长	备注
磁针抛光机（图4-360）	通过主机制造出的磁场作用，带动桶内的磁针旋转，与首饰发生摩擦撞击，达到平整光亮金属表面的目的	各种款型	多种直径磁针（常用0.5、0.3mm）	湿法处理	桶内适量加入磁针，清水加至桶容积1/3处，加入适量抛光膏。依据不同的材质设定适合的转速及时间	1h	对细节、死角位置处理到位，适宜花丝首饰，以及夹层、间隙较多较细的款型。该处理方式金属表面易有挤压痕
慢速木滚筒抛光机（图4-361）	此设备为八边形的大型滚筒。以20～30r/min的速度旋转带动筒内的核桃壳颗粒与首饰从上而下S形的翻滚流动方式，促使工件与磨料产生摩擦而达到抛光效果	各类小型款型	研磨、抛光膏	干研磨，干法处理比湿法处理能得到更精细的抛光度，处理好的产品基本能达到过黄白布轮后的出光效果	桶内混合加入首饰工件以及大小型号的核桃壳颗粒（图4-362）	10h	核桃壳颗粒也遵循从大到小的研磨步骤；由于颗粒小且轻，工件间缓冲余地小，工件容易在桶内发生碰撞，造成损伤，所以每次投入工件量应适当减少。工作质量最高，可分别实现粗研磨、中研磨、抛光和出光4个级别的效果
高速离心滚筒（图4-363）	机器内部类似一个摩天轮结构，悬挂有数个密闭八角桶。桶内瓷粒及抛光膏与工件在高速离心力的作用下，快速流动而产生的研磨、抛光效果	各类款型	瓷粒（图4-364）	此设备干、湿处理皆宜。干法抛光处理/湿法研磨处理	桶内装至九成满研磨料及适量工件	30min	该设备处理的抛光度可以达到亮光级

图4-359　小型滚筒抛光机

图4-360　小型磁针抛光机

（a）外观

（b）慢速木滚筒内部

图4-361　慢速木滚筒机

图4-362　胡桃壳颗粒

图4-363　高速离心滚筒机

图4-364　瓷粒

2. 电化学处理法

（1）炸色抛光　采用氰化钾（剧毒）溶液加入双氧水制成的剧毒药水，首饰工件放入后会产生激烈的爆炸般的化学反应，使金属表面的瑕疵得以去除，呈现金属本色，方便后期的抛光处理。

（2）电解抛光　在电流与电解液的共同作用下，金属表面微观凸起部位溶解掉，以达到金属表面平整光亮的目的。

3. 传统处理法

（1）刷光法　采用铜刷蘸上清洗剂（抛光液），按照同一顺序方向对首饰表面进行手工刷洗蹭亮。

（2）压光法　采用玛瑙刀或是不锈钢刀，蘸抛光剂作为润滑，将刀用力按在金属表面快速来回研压，直至金属变得光亮顺滑。

图4-365　研磨抛光膏

图4-366　水流高速旋转

图4-367　抛光完成

【训练任务一】
磁针抛光。
【训练目的】
掌握磁针机的操作。
【工具与材料】
磁针机、磁针、研磨膏。
【操作步骤】

① 水槽内加入1/2清水，按3：1比例放入磁针、首饰及20g研磨膏（图4-365）；放入金珠粒壁虎胸针。

② 设定参数。正反向旋转，工作时间60min（图4-366）。

③ 工作结束后，取出首饰并用清水冲净；用吹风筒将首饰吹干（图4-367）。

【训练任务二】

滚筒抛光。

【训练目的】

掌握滚筒抛光机的操作。

【工具与材料】

滚筒、钢珠、抛光液、防锈粉。

【操作步骤】

① 筒内加入1/2清水，按3：1比例放入各类钢珠、首饰及10~15g抛光液、10g防锈粉；放入面构成吊坠及两用首饰（图4-368至图4-370）。

② 封闭筒盖，将横杆穿插入开关把手，并向下压紧筒盖。

③ 将滚筒放置在抛光机滚轴轮上。

④ 旋动设置参数，速度为中速，时间为60~80min（图4-371）。

⑤ 工作结束后，取出首饰并用清水冲净；用吹风筒将首饰吹干（图4-372）。

（a）橄榄形钢珠粒

（b）圆形钢珠粒

图4-368　各类钢珠

图4-369　放入防锈粉

图4-370　放入首饰

图4-371 旋转抛光

（a）面构成吊坠

图4-372 抛光完毕

（b）两用首饰

三、电镀

完成了镶嵌、抛光后的首饰产品，在出厂前往往要电镀适宜的贵金属以增加对首饰的保护及丰富表面色彩。使用较多的电镀材料主要有银、黄金、铑、18K红、18K黄、18K黑等。而且电镀完成后往往会另行增加保护性透明漆层或是保护性纳米材料作为保护层，将镀层与空气隔离开来，可以有效地保护镀层在一定时间内不会发生氧化，出现发黑变暗的情况[1]）。电镀层显著提升了饰品表面的光泽度，而且提高了饰品的耐磨、耐腐蚀性能，使得首饰在日常使用中能更持久的保持光亮。

1. 电镀方法

电镀的方法可以分为水电镀与刷电镀。

水电镀是指电镀件作为阴极，必须完全浸泡在电镀液[2]（金属盐溶液）池中，通直流电后，电流从阳极的钛网进入溶液，从阴极离开，溶液中的金属阳离子在电流的还原及吸引作用下，沉积到阴极首饰表面形成镀层的过程。

刷镀，又称笔电镀，是指使用笔镀设备中的电镀笔吸饱镀液

---

[1] 首饰在佩戴过程中，镀层不可避免地会产生磨损并与氧气及各种污染性气体、物质接触，造成饰品黯淡。比如玫瑰金(18K红)镀层，由于玫瑰金是由黄金和铜组成的合金，其中铜元素非常容易被氧化，是造成镀层发黑的主要原因。

[2] 电镀液通常由主盐、导电盐、络合剂、缓冲剂、稳定剂、阳极活化剂、光亮剂、镀层细化剂等组成。

后刷涂在镀件表面形成镀层的方式（图4-373），比较适合局部分色电镀。这种方式便捷简单，速度快，效率高。其镀液离子沉积速度快，形成的镀层硬度较槽镀镀层更硬，厚度一般≤0.5mm。

图4-373　刷镀

镀金质量的好坏，一是取决于镀层是否牢固，二是取决于镀层的整体厚度。标准高、质量好的首饰电镀层厚度在10~25μm，一般的厚度在2~3μm。

电镀依据电镀工件量的多少可分为大型电镀即槽镀，属于企业生产模式，其电镀液都是装载在水槽内，可以应对大件产品以及大批量的连续规模化生产；小型电镀则多是学校及个人工作室，使用小型电镀机进行，电镀液一般是装在烧杯内，主要针对小件少量首饰件的电镀处理。

电镀对工件的要求：

电镀时，首饰要固定在水线上导电，所以首饰工件上要有能够穿水线的位置。实在没有穿线位置的产品，如银币类可以放入专门的金属篮筐内进行电镀，或者用水线绕成鸟巢状，放置银币进行电镀。

首饰电镀生产中，根据电镀材料主要分为同质材料电镀与异质材料电镀两种，从电镀颜色来分则一般分为本色、异色、分色电镀模式。

本色电镀是镀层材料与工件材料一致，属于同质电镀。如银首饰电镀银镀层、18K金首饰电镀18K金镀层等。

异色电镀是镀层材料与工件不一致，属于异质电镀。如银首饰电镀黄金镀层（图4-374）、银首饰电镀18K玫瑰金镀层、925银首饰电镀铑镀层、925银首饰电镀18K黑金镀层（图4-375）等。

图4-374　银首饰电镀黄金镀层

图4-375　925银首饰电镀18K黑金镀层

图4-376　尖嘴钳抛光　　　　　　　图4-377　保护电镀层

分色电镀为异质电镀的一种，是在工件上的不同部位分别电镀不同的色。如一件925银饰品上以铑色为主，局部细节镀有黑色或是24K金色。

镶嵌类首饰都是完成镶嵌后再抛光处理。没有较明显裂纹的天然红蓝宝石、钻石、翡翠等宝石可以直接放入超声波机清洗；但是一些天然石，尤其是内部存有裂纹、脆性大的宝石可能会被损伤。另外一些天然有机宝石如珍珠、象牙、琥珀，以及一些物理性质较脆如祖母绿、青金石、欧泊、孔雀石、月光石、辉石类的宝石也不适宜入机清洗，更不能浸入电镀液电镀，否则会造成宝石严重损伤。所以这类产品一般先镶嵌副石电镀完成后，再镶主石。镶嵌主石时，戴上手套，小心避免损伤电镀层，并使用抛光处理过的尖嘴钳进行镶嵌（图4-376、图4-377）。

2. 案例一：异色电镀、槽镀、925银首饰电镀铑镀层（电白）

铑与铂、钯属于同族元素，银白色，具有高抗腐蚀性热点，铑镀层的硬度大于银镀层的10倍，故而电白的循序是先电镀银，其次是钯作为镀层的基底层，最后再电镀铑，这样铑镀层会结合得比较紧密。铑元素硬度高，脆性大，电镀过厚易脱落。

（1）镀前处理　电镀前的工序为除蜡、除油、浸酸活化、水洗，经过这四个步骤，才完成了电镀前的处理工作。其中最主要的工作就是去除工件上的一切杂质（主要是由抛光蜡、油脂、灰尘等组成），还原一个干净的工件。

①挂件。佩戴橡胶指套，用细铜线穿过各个工件，逐个悬挂在电镀挂架上，工件间不得相互接触（图4-378）。

②超声波除蜡。抛光后的首饰表面一般都存在抛光蜡及油质，目前生产中常用超声波设备添加除蜡剂清除首饰表面的各种污垢

（图4-379）。

其原理是通过超声波设备使水中产生大量微小气泡，这些微小气泡在形成和破裂时，在首饰表面瞬间产生强大的振荡冲击力，使附着在首饰表面的蜡和油脂等污垢，在持续的冲击下得以脱离，这种方式可以对首饰各个表面达到全方位无死角的清理。与此同时，不断升高的水温，使加入的除蜡剂加速皂化、乳化，最终软化蜡质与油质，在这两种因素的作用下，能够较为干净地处理好首饰各个表面。超声波机操作步骤如下：

a．以蜡水比1∶50的比例添加除蜡水，水位必须占内槽的1/2以上。

b．打开超声波机加温至80℃。

c．到达温度后，将首饰挂件完全浸泡在内槽的水中，挂件不要接触到内壁；为了避免镶嵌的石头在振动中松落，可以在内槽中放置一个细网兜。

d．首饰在超声波清洗机内的时间不宜过长，通常在3～5min，清洗时可以不断观察清洗情况，直到将污物振荡干净。如果还有非常顽固的蜡块，可以提出首饰挂件后，用细的高压水柱将其冲掉，之后整个挂件过清水冲洗干净（图4-380）。

③电解除油。经过超声波除蜡的首饰，水洗干净后，必须经过电解除油的方式进一步将首饰表面的油脂层清理干净。

其原理是通过电解的作用在阴极上析出微小的氢、氧气泡对油脂膜产生撕裂作用，这种除油方式可以获得几近彻底的清理效果。与此同时，首饰表面在电解的作用下，微小的凸起部分金属溶解快，而微小的凹陷位溶解慢，溶解下来的金属离子沉积在凹陷位置处，错峰平整了整个首饰表面，得到了良好的光亮效果（图4-381、图4-382）。

④浸酸。经过除油、冲洗干净后的首饰表面不可避免地会形成氧化薄膜层。这个氧化层会隔离开电镀时金属离子的沉积，应该浸泡在浓度为5%～10%的弱硫（盐）酸中去除氧化层，并轻微

图4-378　挂件

图4-379　小型超声波机

图4-380　超声波除蜡

图4-381　电解除油

图4-382　清洗

图4-383　弱酸活化金属表面

图4-384　旋转电镀银

图4-385　电镀银完成进行清洗

图4-386　电镀钯

图4-387　完成钯电镀并取出

腐蚀首饰表面金属，露出基材而又不破坏金属表面的光洁度，使电镀时沉积层有更好的附着力。浸酸时间视镀件材料及大小而定，一般在几秒到1min之间即可（图4-383）。

⑤水洗。浸酸后的首饰可以浸入弱碱溶液，用来中和残留的酸液，之后用清水冲净即可进入到电镀工序。

（2）电镀　处理干净后的首饰可以开始电镀工序。

电镀是一个采用专用电镀机产生的直流电，通过阳极（接钛网）、阴极（接水线连接首饰）在镀液中产生的电流、电压，使镀液中的金属阳离子不断地被阴极吸引，电解沉积在首饰表面的过程。这个过程很短，不同款式一般在45s或2~5min。并非电镀越久，镀层就越厚、越扎实、越漂亮。相反，电镀时间过长，镀层结构变粗，反而会使表面黯淡发灰。

影响电镀质量的因素很多，如电镀液金盐含量多寡、电镀镀液工作温度高低、电流大小、电压高低、电镀时间等，都需要控制在最佳范围内，方可得到最好的电镀效果。

①电镀银。将挂件浸没到电镀槽后，接通电源，进行约60s电镀（图4-384）。

②水洗。将电镀完成的挂件用清水洗净，同时回收镀银残液（图4-385）。

③电镀钯。将挂件浸入钯电镀液槽内，进行约20s电镀（图4-386、图4-387）。

④电镀铑。将挂件浸入铑电镀液槽内，视工件款式大小，电镀45~120s（图4-388）。

（3）镀后处理

①电镀完成后，将首饰放入镀液回收容器内浸泡片刻（图4-389）。

②取出清水洗净，使用蒸汽清洗机喷射出的高温蒸汽再次冲洗干净，用风筒吹干或入烘箱烘干（图4-390、图4-391）。

图4-388　电镀铑

图4-389　清洗回收镀铑残液

图4-390　烘箱烘干

图4-391　电镀完成

③ 有些易氧化的镀层，如镀银、镀玫瑰金等需要在清水洗净后增加一次泳漆处理或是纳米涂层处理，以保护镀层增强首饰的光亮持久度。

3. 案例二：异色分色电镀、槽镀、铜质首饰电镀铑及玫瑰金镀层

依据不同的首饰产品要求，电镀操作的基本顺序一致，但是其中会出现一些重复。本色电镀一般一次电镀完成即可。如银电镀银，依据工序顺序完成电镀即可；异色电镀就需要多次电镀，如铜电镀铑，就要经过铜电镀铜（硫酸铜溶液），之后电镀银，再电镀铑。这样做的目的是使各个镀层间结合性更好，提升镀层的牢固度。而分色电镀则更为复杂——先电镀底色，再电镀另一层色（完全覆盖底色）。用指甲油在第二层色上涂抹保护需要分色的部位后，浸入专用金属溶解液（目前较为环保的多为无氰溶金液），溶解掉第二层镀层，再去除指甲油，露出保护的第二层分色即可。

以铜电镀铑及18K玫瑰金为例。

（1）镀前准备　挂件（图4-392）→超声波除蜡（图4-393）→清洗（图4-394）→电解除油（图4-395）→清洗→弱酸活化（图4-396）→清洗。

图4-392 挂件

图4-393 超声波除蜡

图4-394 清洗

（a）挂件自动旋转

（b）电解中

图4-395 电解除油

图4-396 弱酸活化

图4-397 浸入硫酸铜电镀液

（2）二次电镀 电镀硫酸铜（图4-397、图4-398）→清洗→电镀铑（镀铑时，分色工件电镀时间为60～90s间即可，图4-399至图4-401）→清洗（图4-402）→电镀玫瑰金（图4-403至图4-405）→清洗。

图4-398　完成铜电镀并取出

图4-399　浸入铑溶液

图4-400　通电开始电镀

图4-401　完成铑电镀并取出

图4-402　清洗

图4-403　浸入玫瑰金电镀液

图4-404　电镀玫瑰金

图4-405　完成电镀

（3）**涂保护层**　涂油。涂油前应佩戴橡胶指套，防止手指油污首饰表面（任何情况下和镀件接触时均应佩戴棉布手套或指套）。使用小号勾线毛笔在需要保留玫瑰金的位置涂上一层指甲油覆盖（图4-406）。

（4）**熔金与除油**　挂件（图4-407）→浸入熔金液中，将玫瑰金镀层溶解（图4-408）→除油（图4-409），浸入清洗剂中去除指甲油层。

（5）**镀后处理**　清水洗净。烘干后完成操作（图4-410）。

图4-406　覆盖指甲油

图4-407　挂件　　　　图4-408　溶解玫瑰金镀层

图4-409　除指甲油　　　图4-410　完成效果

【训练任务】

选用珍珠吊坠与包镶耳针案例，采用小型电镀的方式进行异色电镀——925银电镀铑。

【训练目的】

掌握小型电镀方式；掌握电解、电镀操作技法。

【工具与材料】

电镀机、超声波机、吹风机、小号烧杯4个（分别是电解烧杯、弱酸烧杯、电镀烧杯、清洗烧杯）、温度计、电炉（带加热功能的磁力搅拌设备为佳）、水线若干、钛网2块（电解、电镀）、除蜡剂、铑电镀液（开缸剂）、铑盐（F100ICI）、电解除油粉、蒸馏水适量（图4-411）。

【操作步骤】

模块一：镀前处理

（1）准备工作

①打开门窗及通风设备，保持室内空气流通，打开电镀机预热。

②所有烧杯用开水沸煮洗净，沸煮1L蒸馏水备用。

③配酸。弱酸烧杯中调制浓度10%稀硫酸。

④铑镀液开缸（图4-412）。

a. 电镀烧杯中倒入约800mL蒸馏水。

b. 铑镀液（开缸剂）倒入约50mL。

c. 加入5mL铑盐（F100ICI），若没有铑盐，此步可略去。

d. 加入5mL硫酸（纯度98.08%）。

e. 加入蒸馏水至1000mL。

f. 加热至100℃后降温至45℃，并保持这一温度。

图4-411 电镀材料

（a）电镀材料

（b）倒入开缸剂

（c）开缸完成

图4-412 铑镀液开缸

图4-413 加入除蜡剂

⑤ 加除蜡剂（图4-413）。

a．超声波机加水至水位处，以距离槽口1~2cm为宜。

b．依据除蜡剂说明推荐比例，适量加入除蜡剂。

c．打开升温开关，加温除蜡水至80℃。

⑥ 除蜡。镀件悬挂并浸没在溶液内除蜡1min（图4-414）。超声波清洗时，饰品下端不可接触到水槽底部，以避免损坏超声波振头。

⑦ 连线 分别将红色阳极线与黑色阴极线连接到电镀机上的红、黑色对应接口上。

（2）电解除油

① 烧杯中加入30~50g电解粉并注入1000mL蒸馏水，搅拌均匀；配好的电解液手感类似洗衣粉水，手感细腻；加热电解液至45℃。

② 将水线缠绕挂住镀件，镀件间不能相互挨碰，用黑色夹头夹紧水线；红色夹头夹住钛网，将钛网浸入电解除油烧杯中，斜靠杯壁放置（图4-415）。

③ 打开电镀机，将电压调至5~10V。

④ 将水线及镀件完全浸入到除油液中（图4-416）。

⑤ 捏住黑色夹头，不断旋转、轻晃镀件，切勿接触钛网以防出现短路状况。镀件表面会产生较多的氢、氧小气泡，这说明除油反应正常（图4-417）。

⑥ 电解30~60s后取出。

⑦ 取出的镀件用沸腾的蒸馏水冲洗净电解液。

（3）浸酸

① 镀件浸入到5%稀硫酸溶液中活化10s（图4-418）。

（a）挂件

（b）开机除蜡

（c）清洁完成

图4-414 超声波清洗

图4-415 钛网浸入电解液中

图4-416 浸入镀件电解

图4-417 电解中

（a）浸入稀硫酸

（b）镀件悬在酸液中

图4-418 浸入稀硫酸

② 取出后，用蒸馏水冲洗干净。

模块二：电镀操作

① 红色夹头夹住钛网，将钛网浸入电镀液中，斜靠杯壁放置。将水线缠绕挂住镀件，并用黑色夹头夹紧水线（图4-419）。

② 电镀机电压调至3～5V。

③ 将水线及镀件完全浸入到电镀液中（图4-420）。

④ 捏住黑色夹头，不断旋转、轻晃镀件，镀件表面开始产生密集气泡及刺激性气体，说明电镀反应正常。若镀件凹位死角较多，可以每隔十几秒关闭电镀机，抖动镀件，让镀液充分在凹位内对流交换（图4-421）。

⑤ 电镀时间控制在45～120s。

模块三：镀后操作

① 镀完后，取出镀件，观察镀层是否电镀到位。

② 关闭电镀机，将镀件及水线浸入到清洗杯中洗净残留镀液。

③ 清水冲洗后用风筒吹干即可。有条件的应该用蒸汽清洗机进行高温蒸汽清洗（图4-422）。

图4-419　钛网浸入电解液

图4-420　镀件浸入电镀液

图4-421　电镀中

（a）心形吊坠电镀完成（b）包镶耳钉电镀完成
图4-422　电镀完成

四、喷砂与压光

1. 喷砂

喷砂是指使用喷砂机通过高压气体喷射出的高速砂粒打击金属表面或局部，形成精细麻面状效果（图4-423）。

喷砂机由喷砂室、喷嘴、观察玻璃罩、踏板开关构成，并外接高压气泵。可以干喷也可以加入清水混合砂粒进行湿喷（图4-424）。

砂粒一般是圆形细小颗粒，常见的有金刚砂、硅砂、氧化铝砂，并且依据其颗粒大小不同分为多种型号，以满足不同大小麻面效果需要。

镀件若是需要局部喷砂，一般采用胶带或指甲油将不需要喷砂的部位贴紧、涂盖保护起来即可。

2. 钉砂

使用气动钉砂笔外接高压气泵就可以进行操作，通过笔端高速上下振动位移的尖头击打金属表面，形成大颗粒状麻面效果（图4-425、图4-426）。

图4-423　喷砂砂面效果

图4-424　喷砂机

图4-425　钉砂

图4-426　钉砂砂面效果

3. 压光

使用压光刀（高碳钢制、白钢制、玛瑙制）光滑的刀头蘸取压亮水[1]在金属表面来回研压，使受压部位表面细微凹凸面趋平，产生光滑发亮的效果；也可以用布蘸无水乙醇搓压镀件表面（图4-427）。

压光法较其他抛光方法最重要的优势在于基本无损耗。不过这种方法产生的光亮是达不到抛磨出的镜面反射级别的高亮效果的。故而黄金这类贵重且柔软的材质多采用压光或是滚筒等无损耗的处理手法。又如，电铸[2]类的产品由于自身特殊的生产方式，其电铸出的产品都比较轻薄，而且都是麻面效果，采用压光这种上光方式就显得非常必要了（图4-428）。

〔压亮中容易产生的问题与解决方法〕

① 压亮过程中，压刀打滑，饰品表面有水珠凝聚——饰品上有油污，清洗干净后再压。

---

[1] 压亮水是一种用pH为中性的植物果实熬制的液体，能除污去油，对金属表面有一定的增亮效果。

[2] 电铸是采用金属离子吸附在产品蜡模上，逐层沉积成型的一种铸造方式。

（a）玛瑙刀与钢压刀

（b）多种钢压刀头造型

（c）玛瑙刀刀头

图4-427　压光刀

图4-428　电铸件局部压光

图4-429　工件浸泡光亮剂中

② 饰品出现划痕——压制过程中，应用压刀刀身同饰品接触而不能用刀尖。

③ 饰品出现细微丝痕或雾状——压刀磨损，表面不光滑，使用细号金相砂纸或是涂有抛光膏的牛皮磨蹭刀身，使刀身回复光亮如镜的表面。

④ 压过后亮度不足——压制过程中，力度不够，可使得增加压力。

【训练任务】
手工压光饰品。

【训练目的】
掌握玛瑙刀压光技巧。

【工具与材料】
光亮液、玛瑙刀、纯银吊坠。

【操作步骤】

① 将吊坠浸入到光亮液内数分钟（图4-429）。

② 手持玛瑙刀，柔力、快速地来回研压首饰表面，研压过程中刀头要带有光亮液（图4-430）。

③ 研压完毕，用清水洗净首饰并用风筒吹干（图4-431）。

五、酸蚀

酸蚀是采用酸来腐蚀金属而得到特殊效果的方法。进行酸蚀的材料一般多为银、铜、铁等价格较低廉的金属材料。具体操作时，多选用硝酸等腐蚀性溶剂进行处理。为了达到镀件表面部分腐蚀部分保留的设计效果，酸蚀处理多与耐腐蚀材料配合使用。可以用沥青液涂在需要隔离保护的金属表面，余下的区域则浸入酸液中进行腐蚀溶解，形成独特的装饰效果。腐蚀用酸液配方见表4-12。

图4-430　研压

图4-431　压光完成

表4-12　　　　　　　　　　　　腐蚀用酸液配方

材质	配方
黄金	盐酸（13%）、硝酸（6%）、氯化铁（2%）、水（79%）
银、锡、铅、锡铅、锡铜	硝酸：水（1：4）
铜、黄铜、镍、白铜	硝酸：水（1：2）或氯化铁325g*）、水1L
铁、钢	盐酸：水（2：1）

注：氯化铁可溶于水，无挥发性；具备一定毒性，需小心保管。主要用于铜、不锈钢、铝等材料的蚀刻。

【训练任务】

胸牌酸蚀。

【训练目的】

掌握沥青的使用方法；掌握铜在稀硝酸溶液内的腐蚀方法。

【工具与材料】

沥青、铁碗、虎字挂牌、量杯、浓硝酸、石英棒、纯净水。

【操作步骤】

① 稀硝酸配制。其配方为水：硝酸=4：1。具体配制方法见第三章第一节稀硫酸配制。但是硝酸挥发性强，打开装有浓硝酸瓶盖时，会有硝酸蒸气挥发出来，这种蒸气对人体十分有害。所以一定要在通风（抽风）的环境下进行操作，佩戴安全口罩及护目镜，防止吸入蒸气及损伤眼睛。同时，兑好的稀酸溶液也具备挥发的特性，腐蚀操作时必须放置在通风（抽风）的环境下。

② 沿设计稿在铜片上加深刻画出边缘线；硝酸的水平腐蚀性较强，往往会将涂抹了沥青保护层的边缘位置继续向内腐蚀。可以预先在需要腐蚀的地方边缘刻线，上沥青时会填满作为对边缘层的保护。

③ 将沥青加温至液态，依据纹样设计，将镀件不需要腐蚀的地方用沥青液覆盖（图4-432）。

④ 需要腐蚀的面朝上浸入到稀硝酸中。腐蚀开始时，金属表面会发生反应，产生小气泡（若无气泡产生，说明酸液较淡；若气泡激烈，说明酸液较浓；这两种情况都需要分别加入酸，以及向酸

（a）沥青与挂牌

（b）背部覆盖沥青

（c）造型线内覆盖沥青

（d）较细位置摆放沥青块

（e）熔融沥青块

（f）造型覆盖沥青

（g）正面凝固完成

（h）背面凝固完成

图4-432 覆盖沥青

（a）腐蚀产生气泡

（b）气泡
图4-433　腐蚀

图4-434　检查腐蚀情况

内缓慢加水），轻轻晃动容器，让气泡逃逸，使化学反应继续进行（图4-433）。

　　⑤在腐蚀的过程中每隔10～20min可用铜镊子取出挂牌，在流水中冲洗干净，检查腐蚀深度到不到位。如果不够，需要继续腐蚀。还可以再将一些已腐蚀的部分用沥青盖住，干后再放回酸中腐蚀，使金属表面出现不同深浅的凹陷（图4-434）。

　　⑥金属板腐蚀效果达到一定深度后，取出冲洗晾干。

　　⑦在金属板上继续制作一些沥青肌理（图4-435）。

　　⑧当腐蚀到需要深度后，取出用清水冲洗干净（图4-436）。

　　⑨最后去除沥青保护层（图4-437）。

（a）覆盖沥青肌理

（b）沥青肌理
图4-435　覆盖沥青

（a）腐蚀完成

（b）腐蚀细节
图4-436　腐蚀完成

图4-437　清理完成

图4-438　银发黑剂

六、做旧

　　怀旧是一种审美情趣。

　　银与铜等金属饰品在日常使用中会不可避免地逐渐黯淡发黑，出现一种老旧的特殊审美效果。不少消费者也颇喜欢这种有年头质感的特殊效果。为满足这种市场需求，可以在镀件制作中刻意进行金属表面的旧化处理，加速金属的"老化"过程。其步骤是先将镀件整体通过特殊药水浸泡做旧发黑，再经过打磨抛光，使饰品出现凸起部位高亮、凹陷部位发黑的对比效果，产生独特的审美价值。例如泰银、藏银饰品就经常用这种处理方式。

　　银是白色的金属，银的着色做旧法一般为化学着色法。把清洗干净后的银饰浸入银发黑剂中（图4-438），观察金属表面颜色，当颜色变深发黑后取出。把银浸泡在硫化钾溶液中，可得到黑色、深灰色；浸泡在高锰酸钾的溶液中，可得到黑色、棕红色；实际操作中，这类专业化学试剂在难以购买到的情况下，可以在超市购买84消毒液、硫磺皂替代。把清洗干净的银首饰浸泡在消毒液或皂液中沸煮，即可得到深灰色、黑色的旧色效果。

　　【训练任务一】
　　铜做旧处理。
　　【训练目的】
　　掌握铜表面旧化处理技法。

【工具与材料】

戒指1枚、铜做旧液、白矾杯、熔焊机、小绒棒、青蜡。

【操作步骤】

① 将戒指放入装有铜做旧液的白矾杯中，用火焰加热杯壁，直至溶液沸腾（图4-439）。

② 不断观察戒指发黑情况，如需加深可延长沸煮时间。

③ 洗净戒指后，用小绒棒上青蜡后抛光戒指内圈及外围凸起部分（图4-440、图4-441）。

④ 完成作品（图4-442）。

【训练任务二】

铜做旧处理。

【训练目的】

掌握铜表面旧化处理技法。

【工具与材料】

酸蚀处理后的虎字挂牌、铜做旧液、指甲油、抛光机、黄布轮、青蜡。

① 用指甲油覆盖纹饰（图4-443）。

图4-439　浸入做旧液并加热

图4-440　抛戒指内圈

图4-441　抛外围凸起部分

图4-442　作品完成

图4-443　覆盖指甲油

图4-444　浸入沸腾的做旧液

图4-445　抛光表面

图4-446　作品完成

②浸入铜做旧液中沸煮5min（图4-444）。

③用白电油浸除指甲油。

④依次过400#、800#砂纸棒进行抛光（图4-445）。

⑤上抛光机抛光凸起的纹饰面。

⑥作品完成（图4-446）。

七、錾花与车花

1. 錾花

通过金属錾头在金属表面的敲击刻画，使金属表面产生凸起与凹陷，产生纹饰图案的浮雕效果，这种工艺就是錾刻，是十分传统的表面纹饰与肌理处理手法（图4-447至图4-449）。

2. 车花

商业首饰产品中多用车花机将镀件表面车削出锋利的凹坑组合成纹饰造型（图4-450）。

制作时，可以使用手持车花头进行局部车花处理（图4-451）；更多是通过台式车花机进行车花（图4-452至图4-454）。

图4-447 錾头

图4-448 錾花

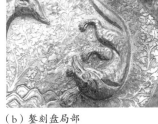

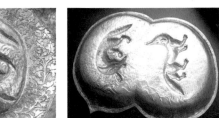

（a）錾刻盘 　　　　　　　（b）錾刻盘局部 　　　　　　　（c）錾刻盘背部

图4-449 錾刻盘

（a）车花手镯　光底 　　　　　　　（b）车花手镯　车花底

图4-450 车花手镯

图4-451 手持车头局部车花

图4-452 粘接链条到圆形车床上

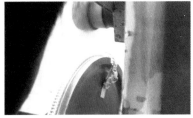

图4-453 刀头贴近链条

图4-454 车削完成

八、珐琅与滴胶

1. 珐琅

目前，市面上金属上增加有其他色彩材质，产生浓郁色彩风格的首饰，所用的便是珐琅及滴胶工艺。

珐琅，源于法国，于清康熙年间传入广东，其特殊的工艺和精美的作品得到皇室青睐，故而珐琅工艺流传入京。

珐琅是将釉质烧结在金属表面的工艺，其釉质成分与陶瓷釉质成分接近，由石英、长石、硼砂、金属成分等组成，经过高温熔融冷却后再研磨得到。不仅制釉复杂，其金属坯体也是制作复杂，釉质填入后，须得多层烧结，累积呈色。整个珐琅色彩绚丽夺目，且永不褪色，艺术表现力很强，是一种高端的工艺制品。

珐琅工艺品多为摆件饰品，其中景泰蓝最负盛名。其技法属于珐琅工艺中的掐丝法，是将金属扁丝弯成设计图案造型的边线，在这个图案造型的各分割开来的格子中填入珐琅釉料，反复烧结直至釉料厚度达到要求；焙烧完后，由粗及细使用油石研磨釉面平整，直到所有的金属丝露出并平齐釉层，再放入焙烧炉中继续焙烧，将磨成粗面的釉层熔融结成新的平滑光亮的表层即可。取出后对金属丝进行抛光或压光处理，最终电镀完成作品（图4-455至图4-460）。

景泰蓝的工艺和审美，被引入到首饰生产中，出现了新的珐琅镀首饰品种（图4-461、图4-462）

2. 滴胶

滴胶多在流行饰品中广泛采用，其胶质主要是由环氧树脂、固化剂等构成的（图4-463），将胶质涂抹在金属表面，待自然风干或烤干后得到类似珐琅的效果。胶质分为软胶与硬胶两类。软胶硬度低，富有一定弹性，涂抹固化在金属表面

图4-455　掐丝

图4-456　铜坯

图4-457　各种颜料

图4-458　填料

图4-459　初次烧结

图4-460　最终烧成

图4-461　珐琅首饰

（a）花丝珐琅首饰

（b）花丝珐琅戒指

图4-462　花丝珐琅首饰

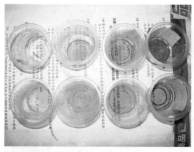

图4-463　胶质

图4-464　平面滴胶

（a）镂空滴胶

（b）镂空滴胶细节

图4-465　镂空位置滴胶

即可；硬胶则硬度较高，可以与金属一起打磨抛光获得一定的光亮效果。滴胶产品色彩丰富、艳丽，可以全色系任意调制，是一种表现力很强的产品。滴胶在平面、镂空空间中均可（图4-464、图4-465），但是滴胶产品不耐久，也不耐高温，容易磨损，使用一段时间后容易出现胶体老化褪色及脱落问题，属于低端产品。

九、打标

打标，是贵金属首饰生产不可或缺的最后环节之一。通过标记在首饰表面的产品相关信息，如品牌、材质、纯度以及镶嵌宝石首饰主石（0.10克拉以上）的质量信息，对消费者的购买鉴别是至关重要的。金首饰标记为"金"或"G"后缀纯度千分数（K数），如金999、G18K等；铂金类首饰标记为"铂"或"Pt"后缀纯度千分数，如Pt990、Pt950等；银首饰以"银"或"S"后缀纯度千分数，如银925、S925等。当首饰采用不同材质或由不同纯度的贵金属拼合制作时，材质和纯度应该相应分别标记出来。

传统的打标方式称为打字印，其具体做法主要是：通过敲击各种字印铸铁，将所需信息冲击錾印在金属表面；或是冲压类首饰，字印预先刻在钢模内，与首饰一体冲压出来；又或是将相关信息在蜡模上刻出，浇铸后一体呈现（图4-466）。

随着生产工艺的提高，以及审美眼光日益挑剔的消费者，对字印清晰度的标准也愈发精细。传统的錾刻、冲压、铸造等工艺就很难满足要求。近年来，激光雕刻技术开始越来越多的应用到首饰生产中。激光雕刻机可制作出精度达0.01mm的微细印记注。所以目前越来越多的镀件生产企业采用激光打标逐步取代传统打标方法。

激光雕刻是采用精准的高能激光，烧蚀材料表面的一个浅层来产生所需的标记或花纹。与传统的打标技术相比，其优点主要为：

① 可标注的信息量丰富，易于更改标记内容；

② 刻划精细准确，速度快，生产效率极高；

③ 适应性广，可在多种材料的表面制作非常精细的标记；

④ 仿制、更改难，采用激光打标技术制作的标记，在不令人察觉的情况下进行直接更改信息，是比较困难的。在一定程度上具有很好的防伪作用（图4-467、图4-468）。

采用激光打标法在具体生产中，制版一般在首版执模完成后，采用激光机将标记较为深的印记在首饰隐蔽位置；制货则在首饰镶嵌、抛光完成后再进行激光标记，之后稍微抛光去除掉激光标记时烧出的黑色杂质，即可进入电镀环节。

（a）錾刻字印

（b）蜡模浇铸字印

图4-466 传统打标方式

图4-467 激光打标机

图4-468 激光标印

第四节 损耗与回收

对于贵金属首饰加工而言，有效控制金属损耗是获得效益最大化的基础。目前的首饰生产企业多，竞争激烈，谁能做好回收金属工作，降低损耗，就能够很好地控制成本。仅仅从金耗这一环节就能够增加企业的效益和利润。

在各个环节中，依据生产款式不同，而采取的不同生产方式造成的金耗也不同。金属熔铸、执模、镶嵌、抛光（车摩打）、型材（压片、拉管、拉线）的加工、冲压、车花、电镀、打标等几乎每一个环节都会产生金耗，其中熔铸、执模、镶嵌、抛光、电镀废液五个环节的金耗最为严重。依据生产经验，合理的金耗在熔铸环节应为0.3%~0.5%；执模为0.7%~0.8%；镶嵌为1.0%~1.2%；抛光（车摩打）为1.1%~3%。

比较容易回收到的金属损耗多为金属切割后的边角料、执模镶嵌中的废屑、抛光中粉尘以及电镀废液。这些金属废料成分单一，杂质种类少，处理回收比较容易。如执模、镶嵌时，金属屑掉到工作台抽屉中（图4-469）；抛光时，被抛光机的吸尘设备收集到集尘袋中；不容易回收到的损耗，一般在熔融环节被坩埚吸收；在抛光环节被布轮吸收；在拉丝、压制过程中被模具粘连；电镀时的各种废液；细微的金属粉尘飘散在空气中，被地面、人体吸附，这些都是属于较难回收的损耗。所以企业在各个操作环节均要配置带有中央吸尘回收功能的设备（图4-470至图4-472）。

图4-469　锯切掉的水口较为容易回收

图4-470　带吸尘罩的执模工位

图4-471　执模工位内的贵金属粉尘

图4-472　中央吸尘的执模工位

企业一般选由专业的回收公司进行回收处理，如厂房铺设的地毯、抛光布轮、砂纸、坩埚、电镀回收液等都会被回收。或集中焚烧、或化学浸泡，将损耗回收、提纯再利用（图4-473）。

图4-473 集中回收后的黄金碎屑

【训练任务】

干烧法回收银粉。

【训练目的】

掌握银粉干烧回收方法。

【工具与材料】

熔焊机、焊枪、焊板、强磁铁、胶袋、白矾杯、坩埚、硼砂、氢氧化钠、银粉杂屑。

【操作步骤】

① 将收集到的银粉杂屑装入白矾杯中。

② 用软火加热烧失砂纸屑等杂质。

③ 使用强磁铁吸取杂屑中的铁质颗粒。

④ 将白矾杯中的金属屑收集到小胶袋内。

⑤ 视胶袋中金属屑量多少，加入约10%的氢氧化钠以及20%的硼砂粉。

⑥ 加入少量清水。等胶袋内的氢氧化钠溶解于水并开始发热时，用手捏匀袋内物。

⑦ 保持胶袋的发热状态，放入坩埚内，用软火加温，再逐渐升温直至银屑熔融。

参考文献

［1］ 徐禹. 首饰雕蜡技法［M］. 北京：中国轻工业出版社，2013.

［2］ 徐禹. JewelCAD首饰设计［M］. 北京：北京工艺美术出版社，2012.

［3］ 黄云光，王昶，袁军平. 首饰制作工艺学［M］. 武汉：中国地质大学出版社，2005.

［4］ 李举子. 宝石镶嵌技法［M］. 上海：上海人民美术出版社，2011.

［5］ 史忠文，曹鸣. 首饰铸造与抛镀工艺［M］. 上海：上海交通大学出版社，2011.

［6］ 邹宁馨，伏永和，高伟. 现代首饰工艺与设计［M］. 北京：中国纺织出版社，2005.